대치동
초등영어
비밀노트

대치동 초등 영어 비밀 노트

초판 1쇄 2022년 01월 26일

지은이 최정현(로제나) | **펴낸이** 송영화 | **펴낸곳** 굿위즈덤 | **총괄** 임종익

등록 제 2020-000123호 | **주소** 서울시 마포구 양화로 133 서교타워 711호

전화 02) 322-7803 | **팩스** 02) 6007-1845 | **이메일** gwbooks@hanmail.net

ⓒ 최정현(로제나), 굿위즈덤 2022, *Printed in Korea.*

ISBN 979-11-92259-00-0 03590 | 값 15,000원

대치동 초등영어

최정현(로제나) 지음

ENGLISH
Secret Note

비밀노트

굿위즈덤

우리 아이 영어 교육,
무엇이 정답일까?

우리 아이 영어 교육은 언제 시작해야 할까?

영어 유치원을 보내야 할까?

영어 학원 선택은 어떻게 해야 할까?

왜 우리 아이만 스피킹이 빨리 안 느는 것 같을까?

영어 원서는 어떻게 읽혀야 할까?

영어 교육은 선택의 연속입니다. 조금이라도 더 나은 선택을 하고 싶은 것이 자연스러운 엄마의 마음일 것입니다. 객관식에서 답을 찾는 것이 익숙한 교육 환경의 현실에서 주관식으로 풀어내어야 하는 우리 아이 영어 교육은 혼란스러울 수 있습니다. 많은 선택 속에서 우리 아이들이 영어를 보다 즐겁고 효과적으로 배우는 데 도움이 되고자 이 책을 쓰게 되었습니다.

지난 10년 동안 영어 교육은 더욱더 대중적으로 변화하였습니다. 단순 시험문제를 위한 영어가 아닌 직접 듣고 말하며 읽고 쓰는 살아 있는 영어에 우리 아이들은 한 걸음 더 다가갔습니다. 이 책에서 영어 유치원, 국제학교, 그리고 대치동의 이야기를 제 경험으로 풀어보고자 합니다.

교육에 정답은 없습니다.
교육에 지름길도 없습니다.
교육은 아이와 함께 호흡하며 동행하는 것입니다.
교육의 열쇠는 우리 아이가 쥐고 있습니다.
우리는 그저 아이에게 등불을 비춰주는 것입니다.

자녀가 초등학교 입학을 앞두고 있거나 영어 교육에 고민이 있는 분들과 저의 경험을 함께 나누는 계기가 되었으면 하는 바람입니다.

이 비밀노트가 나오기까지 한결같은 마음으로 응원해준 가족들과 친구들 그리고 무엇보다 신뢰의 마음으로 함께 채워준 어머니들과 아이들에게 사랑의 마음을 담아 감사를 올립니다.

목차

5장 틀 밖에서 배우는 영어가 진짜다

ENGLISH SECRET NOTE

1장

우리 아이 영어 공부,
어떻게 시작해야 할까?

대치동은 왜 욕먹으면서도
인기가 많을까?

일반적으로 대치동 하면 마냥 긍정적인 이미지가 떠오르는 것은 아니다. 드라마 〈SKY캐슬〉에서는 대치동을 이른바 돈 좀 있는 부모들이 아이들을 스트레스 구덩이로 몰아넣는 우울한 곳으로 묘사한다. 그 외에 〈펜트하우스〉, 〈하이클래스〉에서도 교육에 열성적인 부모들을 극단적인 욕망 덩어리로 묘사하고 있다. 매우 부정적인 모습으로 나타내고 있는 것이다.

부모가 사랑하는 자식의 교육에 열과 성을 다해 힘쓰는 것이 왜 이렇게 욕심으로만 비쳐지게 되었을까? 사람들은 왜 손가락질하면서도 대치동을 그렇게 궁금해할까? 그리고 정녕 대치동의 아이들은 마냥 우울하고 불행하기만 할까? 그것이 과연 대치동의 현실일까?

나의 부모님도 자식의 교육을 위해 대치동을 택하셨었다. 대치동의 가장 특별한 매력은 교육의 다양성이다. 수많은 강의 경험이 있는 강사진들, 탄탄하게 구성된 커리큘럼을 다양하게 가지고 있는 많은 학원이 대치동에 즐비하게 들어서 있다. 그래서 아이가 배우고 싶어 하는 과목들을 아이의 수준과 목적에 맞춰 효과적으로 교육할 수 있는 환경이 마련되어 있다. 그 점이 대치동 최대의 매력 포인트다.

대치동은 아이들을 경쟁 속으로 삭막하게만 밀어 넣기보다는 교육의 다양성을 인정하고 포용한다. 예를 들어, 초등학교 1학년들을 위한 영어 학원만 해도 미국 교과서 3점대, 2점대, 1점대, 파닉스 반, 그리고 소규모 맞춤형 학원 등등 수많은 종류의 학원들이 존재한다. 그리고 그 학원들은 대한민국 최고의 교육을 제공하기 위해 노력한다.

대치동 키즈인 내가 경험한 대치동은 그렇게 삭막한 곳은 아니다. 나는 대치동에서 교육을 받은 경험뿐만 아니라 이곳에서 10년 넘게 아이들을 교육해오고 있다. 밖에서 얼핏 바라보면 유난스러운 그들만의 리그처럼 보일 수도 있겠다. 하지만 대치동도 엄연히 사람이 사는 사회다. 이곳에도 훈훈한 인정과 따뜻함이 있다.

대치동 부모들은 나름 대한민국에서의 사회적 위치에 자부심을 가지고 살아가는 사람들이 많다. 그들의 사회적 성취를 보고 자녀들은 성실한 노력과 열정을 배운다. 이곳에도 다양한 배움을 통해 길러지는 사회성과 배려심을 중요하게 생각하는 부모들이 많다.

대치동 엄마들은 바다보다 깊은 열정과 헌신으로 자녀들을 키운다. 어느 엄마들이 자녀 교육에 열성적이지 않겠느냐마는, 대치동의 엄마들은 이 경쟁의 정글 속에서 살아남기 위해 정말 많이 노력한다. 대치동 밖의 부정적인 시선을 감수하고서라도 교육열 높은 엄마들이 대치동을 선택하는 데는 이유가 있지 않을까?

대치동은 경쟁이 심하다. 사실상 점점 더 심해지고 있다. 영어 유치원을 졸업하고 영어 학원과 수학 학원 입학 테스트를 보기 위해 준비 또한 개별적으로 한다. 아이들은 환경에 크게 영향받기 때문에, 대치동 아이들에게 이런 것은 너무나도 자연스러운 일이다.

이런 것들이 아이의 성향과 잘 맞는다면 대치동은 공부 습관을 기르고 학업 성취도를 높이기에 적합한 장소라고 볼 수 있다. 하지만 언제나 과유불급이라는 것을 잊지 말아야 한다. 뭐든 너무 과하면 탈이 나는 법이다. 지나친 경쟁과 스트레스는 결국 악효과만 가져오기 때문이다. 그래서 부모가 아이와 소통하는 것이 정말 중요하다. 문제는 대치동 자체에 있는 것이 아니다.

지금은 원어민들에게 영어를 배울 수 있는 학원들이 전국적으로 많이 생겼다. 하지만 예전에는 그렇지 않았다. 나는 초등학교 때부터 원어민에게 영어를 배우고 문법 학원을 다니며 영어를 좀 더 탄탄하게 배웠다. 이는 내가 나중에 미국으로 조기 유학을 가서 공부하는 데 많은 도움이 되었다. 수학은 재능수학을 일곱 살 때부터 초등학교 6학년 때까지 꾸준히 공부했다. 그리고 수리 논술 학원을 다녔다. 여기에서는 수학을 숫자 계산 문제 풀이만이 아닌, 원리를 정확히 파악해 답을 증명해 보이는 연습을 꾸준히 했다. 이것은 나중에 수학의 개념을 정확히 이해하는 데 많은 도움이 되었다. 그래서 고등학교 3학년 때까지도 나는 수학이 재미있고 어렵지 않았다.

대치동에는 학교 교과목을 가르치는 학원 외에 많은 예체능 학원들이 있다. 지금은 수많은 예체능 학원이 전국적으로 많지만 2000년대 초반 대한민국에서 거의 유일했던 댄스 학원이 대치동 집에서 15분 거리에 있었다. 춤을 배워보고 싶었던 나는 엄마를 졸라 댄스 학원에 등록했다. 방학 때마다 스트레스를 건강하게 풀며 댄스 수업을 들었다. 이렇게 배움의 다양성을 허용하는 것이 대치동의 큰 매력이다.

모든 부모는 자신의 아이가 자신보다 더 나은 삶을 살기를 바란다. 그리고 그 해답은 교육에 있다고 생각한다. 그래서 대한민국 부모들은 자식 교육에 헌신하는 것이다. 내가 조금 덜 먹고 입어도, 우리 아이가 더 좋은 환경에서 살 수 있다면 대한민국의 부모들은 희생을 감수한다.

그렇다면 우리 아이의 교육은 어떻게 시켜야 잘 시키는 것일까? 부모들이 가장 난항을 겪는 과목은 단연 영어일 것이다. 영어를 모국어로 쓰지 않는 나라에서의 영어 교육은 사실상 쉽지 않다. 부모 세대 때 배웠던 영어와 현재 아이들이 배우는 영어는 너무나 다르게 변화해왔기 때문이다.

이렇게 대한민국에서의 영어 교육은 시대에 따라 '트렌드'가 바뀐다. 그렇다면 가장 교육열이 높은 대치동 아이들은 어떤 영어 교육을 받을까?

첫 영어 공부, 어떻게 시작할까?

시작.

시작은 설렘과 두려움이 공존한다. 특히 실수 없이 너무 잘 해내려고 할 때 두려움과 공포가 시작의 설렘을 삼켜버린다. 그럼 불안해진다. 대부분의 엄마들은 아이들 교육에 불안한 마음을 가지곤 한다. 단 한 번도 실패하고 싶지 않기 때문이다. 그래서 엄마들은 불안하다. 특히 영어는 더 그렇다. 우리가 살고 있는 대한민국은 영어권 국가도 아니고 해외 경험이 따로 있지 않는 한 학창 시절 영어 교육을 받은 게 전부일 것이다.

20~30년 전의 영어 교육과 현재의 영어 교육은 정말 큰 차이를 보인다. 단 한 번의 실수도 하고 싶지 않은 소중한 금쪽같은 우리 아이 교육이기에 엄마들은 불안할 수밖에 없다.

대부분 대치동 아이들의 영어 시작은 3~5세이다. 많은 아이들이 영어 유치원을 다니기 때문에 영어 유치원에서 영어를 배운다. 영어 유치원을 좀 더 수월하게 다닐 수 있도록 영어 유치원 시작 전에 영어와 친숙하게 하는 작업을 하는 엄마들도 있다. 영어 유치원에 대해서는 좀 더 자세히 뒤에서 다루도록 하겠다.

영어 유치원을 다니지 않는 대부분의 아이들도 유치원 방과 후 프로그램이나 영어 학원을 통해서 영어를 배운다. 아주 늦어도 초등학교 1학년부터는 우리 아이 영어 공부가 시작된다.

대한민국에서 영어 교육은 조금 특수한 상황에 놓여 있다. 국어나 수학 외의 다른 과목들은 초등학교 1학년부터 고등학교 3학년 때까지의 커리큘럼이 나와 있다. 공교육 교과서 중심으로 시중에 나와 있는 많은 문제집들을 이용하여 공부를 하면 입시와 수능까지 각 학년별로 확실한 로

드맵이 설계되어 있는 셈이다.

하지만 영어의 경우는 다르다. 공교육 기준으로 아이들은 초등학교 3학년 때부터 고등학교 3학년 때까지 영어 교육을 받게 된다. 그리고 대학교 때는 취직을 위해 토익 또는 텝스 공부를 한다. 이렇게 최소한 10년이 넘는 영어 교육을 받았는데 외국인과 만났을 때 아이들은 대화에 두려움을 느끼고 좌절한다. 그리고 자기 스스로를 영어 못하는 사람으로 생각해버린다. 그러면 자신감은 떨어지고 영어는 더더욱 어려운 평생의 숙제가 되어버린다.

이 상황에서의 오류는 학교에서 배우는 영어, 그리고 수능 시험을 위한 영어는 말하기, 듣기에 초점이 맞춰져 있지 않다는 것이다. 어려운 단어들이 섞여 있는 문단을 잘 해석하고 정답을 맞히는 훈련을 시키는 것이 수능 영어이다. 하지만 부모들은 아이들이 외국인을 만났을 때 유창하게 대화를 나누는 것 또한 기대한다. 그렇다면 그런 영어 교육을 시켜야 한다. 우리 아이 영어 교육의 목표가 수능 영어 영역을 잘 보는 것이라면 많은 단어 암기와 문법 위주의 독해, 그리고 모국어인 국어 공부를 열심히 하면 된다. 그렇게 해서 수능 시험에서 원하는 점수를 받으면 우리 아이 영어 공부는 성공한 셈이다. 하지만 수능 영어 시험 1등급을 받아도 아이들 스스로조차도 영어에 대한 자신감이 없는 것이 안타까운 영어 교육의 현실이다.

이와 같은 현실을 잘 아는 부모들은 내 아이는 최소한 영어로 의사전달은 자유롭게 할 수 있는 영어 교육을 시키고 싶어 한다. 또한 유학 경험이 있거나 본인이 영어를 유창하게 잘하는 엄마들조차도 우리 아이 영어 교육의 시작을 어려워하는데 이는 본인이 영어 교육을 받았던 상황과 현재의 상황이 너무 다르기 때문이다. 현재 엄마 세대들이 어릴 적에는 영어 유치원은 없었다. 외국인이 수업하는 영어 학원의 경우는 그 시절에 막 대치동에는 도입이 되기 시작하여 약간의 유행을 선도하고 있을 시기였다. 그렇기 때문에 엄마들이 받았던 영어 교육과 지금 우리 아이가 받아야 할 영어 교육의 환경이 완전히 다르다 보니 엄마들은 혼란스러울 수밖에 없다. 본인이 영어를 잘하는 것과 아이 영어 교육을 시키는 것은 아주 다른 문제이다. 그래서 모든 엄마들에게 우리 아이 영어 교육은 참 까다롭고 어려운 숙제이다.

그러면 과연 어떻게 시작을 해야 할까? 정답은 단순하게 시작하면 된다. 대치동뿐 아니라 전반적으로 영어 교육 시작 연령이 낮아지고 있다. 어린아이들일수록 영어 교육의 시작은 단순할수록 좋다. 그렇다면 어떤 것이 단순한 시작일까?

예를 들어, 누구나 한 번쯤은 열심히 운동하여서 탄탄하게 예쁘고 멋진 몸을 만들어보아야겠다는 다짐을 해보았을 것이다. 처음에 너무 의욕이 넘쳐서 열정적으로 하면 오래 가지 못할 수가 있다. 영어 교육도 마찬가지이다. 영어는 건강한 생활만큼이나 우리 아이가 평생 가지고 가야 할 중요한 요소이다. 그렇기 때문에 거창하게 시작하고 금방 그만두는 것만큼은 일어나게 해서는 안 될 것이다.

또한 우리가 식단 관리를 철저히 하고 열심히 운동해서 아름답고 건강한 몸을 만들어도, 그 몸을 유지하는 것 또한 넘어야 할 큰 산이다. 이처럼 영어는 잘 배우는 것도 중요하지만, 배운 영어를 잘 유지해주는 것 또한 아주 중요하다. 건강한 몸을 만들기 위한 단순한 방법은 건강한 음식을 먹고, 많이 움직이고, 규칙적인 생활을 건강히 하는 것이다. 운동을 평상시에 하지 않았던 일반인들에게 2주 내에 바디 프로필 촬영을 목표로 몸을 만들라고 하면 실패할 확률이 높다. 너무 부담스러운 목표이기 때문이다. 하지만 30분씩 동네 산책하기부터 시작한다면 기간은 조금 오래 걸릴지라도 체력을 끌어올려서 건강 생활을 유지하는 데에는 성공할 것이다.

  마찬가지로, 우리 아이 영어 교육을 잘하기 위한 단순한 방법은 쉽게 접근하는 것이다. 그러면 마음의 부담감이 적기 때문에 오랫동안 할 수 있다. "시작이 반이다."라는 말처럼 일단 시작을 해보는 것이다. 아이와 같이 영어로 된 영화도 보고 유튜브도 시청하고, 책도 함께 읽으며 먼저 영어에 다가가야 한다. 그러면서 아이에게 영어 노출 시간을 늘려주고, 배운 것을 복습하는 과정을 끊임없이 반복하는 것이다. 정말 당연한 소리이지만 언제나 진리는 기초에 있는 법이다. 기초와 기본에 충실한 것이 단순하지만 가장 오래 갈 수 있는 방법이다.

엄마표 영어는 우리 아이
영어의 뿌리가 된다

엄마표 영어는 엄마가 우리 아이에게 직접 가르쳐주는 영어이다. 누구나 엄마는 처음이다. 우리 역시 태어나서 모든 것을 다 엄마에게 배웠다.

걷는 법, 말하는 법, 숟가락, 젓가락 사용법, 옷 입는 법, 신발끈 묶는 법 등. 이뿐만 아니라 사고방식, 대처 능력, 대화법 등 생활 속의 상당 부분 또한 직간접적으로 엄마에게 제일 먼저 배운다. 우리 아이들에게 엄마의 영향력은 어마어마하다. 아이들은 엄마를 통해서 세상을 보고 배우기 때문이다. 그리고 그것이 반복이 되면 습관이 된다.

이렇게 엄마들은 아이들에게 많은 것들을 알려주며 양육을 한다. 그런데 왜 유독 엄마들에게 '엄마표 영어'는 자신감이 없고 어렵게만 느껴질까?

어떠한 엄마도 걸음마를 이제 시작하는 아이에게 걷는 법을 가르쳐주며 '내가 장차 이 아이를 우사인 볼트 같은 달리기 선수로 키우겠어.'라고 생각하지 않는다. 앙증맞은 작은 발로 한 걸음만 떼도 우레와 같은 박수가 나오고 세상을 구한 것 같은 칭찬을 해준다. 걸음마를 시작을 해서 한 발 한 발 조심스럽게 앞으로 걸어 나아가는 아이를 보는 사랑이 가득 담긴 엄마들의 눈을 떠올려보라. 이 아이가 언젠가는 걷게 될 것이라는 것을 엄마들은 알고 있다. 그리고 설령 아이가 넘어져도 엄마가 손을 잡아줄 여유가 있다.

엄마표 영어 또한 그렇다. 엄마들이 엄마표 영어에 거부감이 있는 이유는 걱정이 너무 앞서기 때문이다.

'영어를 잘못 가르쳐주게 되면 어떡하지?'
'효과 없는 방법으로 가르쳐주는 것은 아닐까?'

'이렇게 하고 있는 것이 맞는 방법일까?'

'좋지 않은 발음이 아이에게 영향을 주지는 않을까?'

'다른 아이들에 비해 뒤처지는 것은 아닐까?'

'교재는 어떤 것을 써야 할까?'

'전문적으로 학원에 맡기는 게 더 낫지 않을까?'

'나의 잘못된 선택으로 아이가 영어를 더 잘 배울 수 있는 시기를 놓치면 어떡하지?'

엄마표 영어를 하면서 엄마들은 수많은 고민에 휩싸인다. 이 고민들을 잠재울 수 있는 방법은 걸음마 연습 시키듯 함께 호흡하며 단기 목표로 접근을 하는 것이다. 직접 무언가를 가르쳐준다는 부담감은 내려놓을수록 좋다. 영어에 노출을 최대한 많이 시킬 수 있는 환경을 만들어주고 엄마가 함께 참여하는 엄마표 영어는 아이 나이가 어릴수록 효과를 많이 본다. 아이가 영어에 한 걸음 더 가까이 다가가는 것만으로도 엄마표 영어가 반은 성공했다고 볼 수 있다.

파닉스는 어떻게
시작할까?

파닉스(phonics)는 수학으로 치면 구구단 같은 과정이다. 구구단을 모른 채 수학 공부를 할 수가 없듯이 파닉스를 모른 채 영어를 읽을 수도 쓸 수도 없다. 이렇게 중요한 파닉스는 우리 아이 영어 공부의 첫 관문이다. 파닉스 공부는 편안한 환경에서 쉽게 접근하는 것을 추천한다. 특히 아이가 나이가 어릴수록 즐겁고 흥미로워야 한다.

1. single letters

2. short vowels

3. long vowels

4. two letter consonants

5. two letter vowels

파닉스 교재는 보통 이렇게 5개의 레벨로 구성되어 있다. 파닉스 수업을 할 때 나는 보통 'Smart phonics'와 'Monster phonics' 2개를 동시에 사용한다. 이렇게 같은 과정의 2개의 다른 책을 섞어가면서 이용을 하면 아이들이 지루함을 덜 느끼고 책에서 즐길 수 있는 activity가 더 다채로워진다.

만약 아이가 5세 전이라면 여러 가지 도구를 이용하여 재미있는 놀이식으로 시작하는 것이 좋다. 5세 정도 되는 아이들은 5분에서 10분 정도의 집중력을 보인다. 그렇게 해서 아이가 집중력이 떨어졌을 때 또 다른 대체 교재로 유연성 있게 학습을 이어나가는 것이 좋다. 대부분의 엄마들은 어린아이들의 집중력 시간을 잘 인지할 기회가 없기 때문에 아이가 지루해하고 흥미가 떨어져 있는 상태에서도 수업을 이어나가는 경우가 있다. 그렇다면 아이는 점점 싫증을 낼 것이고 엄마와 실랑이를 벌이는 경우까지 가게 되는 것이다. 그래서 엄마표 영어를 할 때는 내 아이를 잘 파악하고 있는 것이 너무나도 중요하다. 그리고 그에 맞게 유연하게 대처하는 것은 엄마표 파닉스 성공의 지름길이다. 이 시기에는 노래나 영상들을 적극 활용하는 것을 추천한다.

5세부터 8세 아이들은 모국어가 형성이 되면서 언어 지능이 활발히 발달해가고 있는 시기에 있다. 그렇기 때문에 습득이 5세 전의 아이들보다 좀 더 빠르다. 그리고 아이가 유치원을 다니면서 사회생활을 하는 시기이기 때문에 규칙에 대한 이해도가 있는 시기라서 규칙을 정해놓고 설명을 해주면 엄마가 끌고 가는 데 조금 더 수월할 수 있다. 아이의 발달된 언어 지능과 사회성을 잘 이용하여 영어의 흥미를 극대화 시킨다면 아이는 충분히 이중 언어자로 성장할 수 있다.

파닉스 공부할 때 함께 즐길 수 있는 게임들

1. 파닉스 빙고
2. 같은 카드 찾기
3. 교재 뒤에 나와 있는 보드게임
4. I SPY 게임

초등학교 1학년부터 3학년까지의 아이들은 1시간에서 2시간 정도의 학습 집중도를 가지고 있다. 하지만 파닉스 공부만 2시간 하는 것은 지루하므로 1시간 정도의 시간을 추천한다.

이때부터는 놀이 식이나 색칠 공부 그림에 집중하는 것보다는 'word search(단어 찾기)'나 'unscramble words(단어 순서 맞추기)'처럼 아이에게 조금 더 높은 수준의 사고력을 자극시키며 흥미를 유발시키는 것이 효과적이다.

이 사이트는 education.com에서 제공하는 word search generator인데 20~30개의 단어를 넣고 create 버튼을 누르면 word search 워크시트가 만들어진다.

이 사이트 역시 education.com에서 제공하는 무료 unscramble generator이다. 파닉스를 다지면서 스펠링을 좀 더 쉽게 익히거나 단어를 정확하게 아는 데 도움이 많이 된다.

초등학교 4학년부터 6학년까지는 학습 습관이 확실하게 잡힌 시기이기 때문에 학습적으로 다가가는 것이 효과적이다. 기초적인 언어 발달이 다 이루어진 시기인 만큼 파닉스를 습득하는 시간은 다른 시기의 아이들에 비해서 훨씬 빠르다. 이 시기에도 worksheet와 함께 vocabulary로 확장을 하여서 영어 공부의 기초를 닦아놓는 것이 도움이 된다.

특히 파닉스 책들과 함께 같이 병행하여 보면 좋은 교재들을 소개하려 한다.

『Spectrum Sight words』

이 책은 미국의 유명한 문제집 spectrum 시리즈 중에 하나로 Sight words 용도로 쓰기에 좋은 책이다. Sight words란 각 학년마다 보는 즉시 한눈에 읽어내야 하는 단어들로 이루어진 연습 문제집이다. 예를 들어 'like'란 단어를 보면 즉시 'like'라고 읽어야 하는데 이렇게 단어를 시각화해서 통으로 입력 시키는 연습에 도움이 된다.

『Phonics Reading』 1~4 시리즈, / 『From phonics to Reading 』

이 두 책은 배운 파닉스를 리딩으로 연결시켜서 학습하기 좋은 책들이다. 책의 수준이 올라갈수록 전 단계에서 배웠던 단어들도 같이 섞여서 등장을 하기 때문에 복습용으로도 좋은 책이다.

『Wonders grade 1』

McGraw-HillEducation 출판사에서 출판된 가장 최신 버전의 미국 교과서이다. 미국 교과서를 활용하는 것은 미국 현지 아이들의 교재로 살아 있는 생생한 언어의 감을 키우는 게 가장 큰 장점이다.

『Journeys grade 1』

Houghton Mifflin Harcourt에서 출판된 미국 교과서이다. 이 책도 내가 오랫동안 사용해왔다. word study, worksheet, practice book 등 여러 방면으로 활용을 잘 할 수 있는 책이다.

다음은 파닉스를 좀 더 쉽게 배울 수 있는 유튜브 채널을 소개한다.

〈Alphablocks〉

신기한 캐릭터들이 등장하여 아이들의 흥미를 끈다. 각각의 알파벳의 구성을 익히기에 좋은 채널이다.

〈Super Simple ABCs〉

아주 기초적인 알파벳, 파닉스 교육을 위한 채널로 5세 이하 아이들에게 적합하다.

〈KidsTV123〉

노래와 함께 기초적인 알파벳, 파닉스 교육을 위한 채널로 5세 이하 아이들에게 적합하다.

〈Bounce Patrol — Kids Songs〉

사람들이 인형탈을 쓰고 나와서 역동적으로 노래도 부르는 기초적인 알파벳, 파닉스 교육을 위한 채널이다. 뮤지컬 형식으로 5세 이하 아이들에게 적합하다.

〈Sesame Street〉

아이들 채널의 클래식, 세사미 스트리트는 재미있는 다양한 콘텐츠를 제공한다. 파닉스를 위한 콘텐츠보다 더 다양해진 어휘로 5세부터 9세 이하 아이들을 위한 일상생활 영어 콘텐츠로 적합하다.

〈Miss Molly〉

귀엽고 재미있는 애니메이션과 함께 영어 동요가 나오는 채널이다. 영어 동요를 익히기에 적합하다. 7세 이하 아이들에게 적합하다.

영어 유치원에 꼭
보내야 할까?

"영어 유치원? 그게 뭐야?"

나도 처음에는 사실 영어 유치원에 회의적이었다. 어린아이들은 무조건 건강하게 잘 먹고 행복하게 뛰어놀면 된다고 생각을 했기 때문이다. 그리고 어쩌면 극성맞은 엄마들의 '유난'이라고 생각했었는지도 모른다. 하지만 영어 유치원에서 일하는 동안 나의 생각은 바뀌었다. 어쩌면 아이들은 내가 생각하고 있는 것보다 더 큰 잠재력을 가지고 있는 것은 아닐까? 그 잠재력을 깨워 성장시키는 것이 교육의 힘인가?

"Miss Rossena. Can you please help me?"

"Miss Rossena! I think I need to go to the restroom."

"Miss Rossena. Do you know what happened last night?"

이것은 토종 한국인 아이들의 영어 유치원 3~4년 차를 다니고 난 후의 아웃풋(output)이다. 아이들의 스펀지 같은 흡수력이란 정말 놀라울 뿐이었다.

영어 유치원은 7세 반은 3년 차, 2년 차, 1년 차로 나뉜다. 나는 7세 2년 차 아이들을 담당했다. 2년 차 엄마들은 영어 유치원을 졸업할 때 3년 차 아이들만큼까지는 아니어도 그 비슷한 아웃풋을 기대한다. 난 그 마음을 잘 알기에 1년 동안 각 아이들의 영어 실력을 극대화시키기 위해서 모든 노력을 기울였다. 아이들과 점심시간 또는 쉬는시간을 활용하여 문장 만들기 놀이를 비롯한 여러 종류의 게임을 하였다. 그 결과 우리 반 엄마들의 만족도는 매우 높았고 아이들의 영어 실력 또한 기대 이상으로 상승했다.

지금은 영어 유치원에서 일을 하고 있지는 않지만 종종 7세 아이들의 학원 레벨 테스트 준비를 위한 수업 문의가 들어온다. 내가 2014년에 영어 유치원에서 일했을 때에 비해 지난 3~4년 동안 대치동의 영어 유치원은 전반적으로 상향 평준화되었다. 2014년 기준 7세 3년 차 졸업 진도가 미국 교과서 2.1이었는데 요즘에는 3점대로 졸업을 하니 미국 교과 과정 반 학기에서 1년 정도가 빨라진 셈이다. 그에 맞게 대치동 초등 영어 학원은 3점대, 2점대, 1점대, 파닉스 등으로 예비 초등 1학년들을 위한 반이 설계된다. 그런데 놀라운 것은 아이들이 어려워진 기준에 맞춰서 따라가고 있다는 것이다. 아이들의 무한한 잠재성에 나는 새삼 한 번 더 놀랐다.

"Who can tell me about evaporation?"

"I know! I learned it before! It is like water going into the air. So the water gets dried!"

......

나는 또 놀랐다. 학습식 영어 유치원은 미국 교과서를 주 교재로 사용한다. 연차에 따라 1학년, 2학년, 3학년 교재를 사용하기 때문에 미국 아이들이 초등학교 1학년에서 3학년 때 배우는 내용을 우리 아이들은 6~7

세 때 배우는 것이다. 미국 교과서는 초등 수업을 비롯하여 국제학교, 외국인 학교 아이들 수업을 할 때 나도 굉장히 즐겨 쓰고 좋아하는 커리큘럼 중 하나이다. 미국 교과서의 장점은 여러 작가의 다양한 장르를 접해볼 수 있다는 점, 워크북(workbook)을 함께 사용하여 파닉스, 스펠링, 그래머를 같이 배울 수 있다는 점, 그리고 그 외의 추가로 워크시트(worksheet)를 만들어 사용하기도 편하다. 또 무엇보다 아이들의 사고력, 창의력, 논리력 확장을 위해 활용하기 너무 좋은 교재이다.

하지만 영어 유치원을 다니는 모든 아이들이 이렇게 영어를 즐기고 스펀지처럼 흡수를 하는 것은 아니다. 스펀지처럼 흡수를 한다고 하더라고 입을 통해 나오는 아웃풋은 개인 차이가 있을 수가 있다. 엄마들은 우리 아이 영어 실력이 늘었는지를 말하기와 쓰기를 통해 확인하고 싶어 한다. 신경 써서 영어 유치원을 보냈는데 영어로 말이 유창하게 나오지 않으면 불안해지고 걱정을 하기 시작한다.

앞서 이야기했듯이 영어는 장거리 달리기이다. 이제 겨우 기어다니던 아이가 스스로 일어서기 시작했다. 그리고 한 발 한 발 앞으로 나아갈 준비를 하고 있다. 그 과정에서 수많이 넘어질 것이다. 하지만 엄마들은 걸음마를 배울 때 아이가 너무 많이 넘어져서 이러다가 평생 걷는 법을 못 배우고 기어만 다니지는 않을까 걱정하지 않는다. 나중에는 결국 걸을 것이라는 믿음이 있기 때문이다. 빠르면 8개월, 10개월, 돌 전에 걷기 시작하는 아이가 있다. 평균적으로 돌 정도면 아이들이 걷기 시작하는데 늦으면 돌 후에도 걸음마를 못 떼는 아이들이 있다. 나는 돌 후에 13개월부터 걸었다. 내 동생은 9개월부터 뛰어다녔다고 한다. 지금은 우리 둘 다 넘어지지 않고 잘 걸어다닌다.

이처럼 지금 당장 기대하는 결과가 아이한테서 나오지 않는다고 불안해할 필요는 없다. 특히 스피킹(speaking)은 눈에 너무 잘 보이는 요소이다. 그렇기 때문에 다른 아이는 말을 유창하게 하고 있는데 우리 아이는 그렇지 않다면 사람 마음인지라 비교를 안 할 수가 없다. 그래도 아이에 대한 믿음을 가지고 응원을 해주어야 한다. 아이 앞에서 다른 아이와의 비교는 절대 금물이다.

그렇다면 영어 유치원을 과연 보내야 할까?

한진희의 『엄마표 영어 이제 시작합니다』에서는 언어 기능과 연상 사고를 담당하는 뇌의 측두엽 영역인 칼롬조이스무스의 성장률을 이야기한다. 성장률은 4~6세에 0~20%이고 7세에 85% 이상으로 최고로 올라가 12세까지 80% 이상을 유지한다는 것이다. 그러나 12세 이후 16세까지는 다시 0~25%로 성장률이 감소한다고 말한다.

결론적으로 아이의 언어 기능과 연상 사고는 7세 때 폭발적으로 성장을 하고 그것이 초등 6년 동안 유지가 된다. 그래서 초등학교 시기를 우리 아이를 이중 언어자로 만들 수 있는 골든타임이라고 하는 것이다. 그렇다면 영어 유치원은 안 보내도 되는 것일까?

우리가 걸어다니기 위해서는 적어도 2,000번은 넘어진다. 또한 우리가 '엄마'라는 단어를 처음 한 번 말하기 위해서는 수백 번도 더 넘는 시도와 몇 개월간의 옹알이를 거쳐서 비로소 '엄마'를 말할 수 있다. 그리고 아이들이 3~4세가 되면 모국어인 한국말을 할 때 짧은 문장을 완성도 있게 말하기 시작한다. 이렇게 말을 하기 전 아이들은 3년 정도는 듣기만 하는 것이다. 그러다 언어 기능이 발달이 되고 말문이 트이면 폭포수처럼 말을 쏟아내는 시기가 온다. 그 시기는 아이들마다 다르다. 그리고 세 살 때부터 말이 트인 아이와 다섯 살 때부터 말이 트인 아이의 차이는 길게 보면 없다.

영어도 마찬가지이다. 그렇다면 영어 유치원의 순기능은 무엇일까? 영어 유치원만이 정답이라고 단언할 수 없다. 하지만 어릴 때 자연스럽게 접하는 영어는 언어적인 감(sense)을 길러준다. 영어 유치원의 가장 큰 장점은 자연스러운 인풋(input)이다. 언어에서 아웃풋을 내려면 듣는 과정, 즉 인풋이 있어야 하는데 대한민국에서는 부모가 영어를 유창하게 잘하지 않는 이상은 영어를 접할 기회가 적다. 자연스러운 환경에서 또래 아이들과 영어를 접하는 기회를 만들어주기 위해 엄마들은 영어 유치원을 택한다. 그러나 아웃풋은 아이마다 개인차가 있다. 그러므로 너무 조급해하지 않길 바란다.

06

우리 아이 영어 교육에 정답은 있을까?

"어떻게 하면 우리 아이 영어 교육을 잘 시킬 수 있을까요?"

모든 엄마들은 아이들 교육을 '잘'하고 싶어 한다. 그렇다면 어떤 교육이 '잘'한 교육일까?

1. 수능 영어 영역 만점

2. 토플 만점

3. 원서로 된 책 읽기

4. 영화 자막 없이 보기

5. 자기 생각을 자유롭게 영어로 대화하기

이 보기에서도 알 수 있듯이 영어는 두 가지 분류로 나뉘게 된다. 시험 영어와 그렇지 않은 영어로 나뉜다. 어릴 적부터 영어 유치원 3년, 초등 영어 6년을 배우고 나면 엄마들은 딜레마에 빠진다. 결국 대학 입시에 맞춰서 내신 영어, 수능 영어를 위해 한국형 입시 영어를 보내야 하기 때문이다. 좋은 대학교를 가는 것은 원서로 된 책을 막힘없이 읽기도, 영화를 자막 없이 보는 것도, 자기 생각을 유창하고 자유롭게 영어로 대화하는 것도 아닌 수능 영어 1등급을 받는 것이기 때문이다. 그렇게 해서 좋은 대학에 가면 '잘' 시킨 교육이 되는 것이 통상적이다. 대부분 엄마들의 '잘' 시킨 교육의 목표는 좋은 대학을 가는 입시일 것이다.

"Miss Rossena. I am exhausted!"

"What happened?"

"I have so much work to do. I am tired of all the work!"

"Then, why don't you tell your mom?"

"No, I know I have to do this because if I get good grades, I can get into a good college, then I can be successful because I am going to be rich."

"… oh dear… so then your ultimate goal is to be rich?"

나는 깜짝 놀랐다. 공부의 목적이 돈을 많이 버는 거라니. 지금은 21세 기인데. 마치 내가 타임머신을 타고 60년대 70년대로 돌아간 기분이었 다. '공부를 열심히 해서 좋은 대학에 가서 좋은 직장을 구해서 돈을 많이 벌면 성공을 한 것이다.'라는 생각에 한편으로는 씁쓸했다. 아주 틀린 현 실도 아니었지만 그렇다고 또 예전처럼 좋은 대학만이 성공을 보장하는 시대도 아니기 때문이다. 솔직히 말하면 나는 주입식 교육과 정말 안 맞 는 학생이었다. 자기주장도 강하고, 독립적이고, 무조건 시키면 하는 순 종적인 학생도 아니었다. 하지만 원하는 것이 있으면 밤을 새워서라도 해내서 얻어냈으며 흥미 있는 일에는 깊이 푹 빠져서 몰두했다. 한번 목 표를 세우면 그것을 이룰 때까지 포기하지 않았다. 중학교 때 나한테 가 장 어려운 과목은 도덕, 기술, 가정 이런 과목이었다. 이런 모습을 보시 던 아버지는 나에게 미국 유학을 가볼 것을 제안하셨고 나는 방학 때 짧 게 다니던 미국 어학연수에 좋은 기억이 있었기 때문에 흔쾌히 동의를 했다. 별 흥미 없고 재미없게만 느껴지던 공부가 미국에 가니 신선했다.

단순 외워서 쓰는 주입식이 아니라 책을 읽고 토론하고, 프로젝트를 만들어서 발표하는 것이 정말 재미있었다. 한국 중학교에서 공부에 별 흥미를 못 느끼던 내가, 미국에 가서 또 다른 세상을 만나 배움의 즐거움을 느끼고 있었다.

반대의 경우도 있다.

A는 초등학교 1학년 때부터 한국에서 국제 학교를 다녔다. 기본적으로 머리가 아주 뛰어난 학생이었다. 이해력도 빠르고 가르쳐주면 습득을 빨리했다. 이성적이고 논리적이어서 사실 중심적인 글 읽기나 글쓰기는 아주 잘했다. 그러나 A는 자기 개인적인 이야기나 생각을 풀어쓰는 것은 너무 힘들고 어려워했다. A한테는 오히려 주입식으로 사실적인 것을 암기해서 답이 딱딱 떨어지는 교육이 더 맞을 것 같았다. 어머니와 상담을 하였고 중학교 1학년부터 한국 학교로 옮겨볼 것을 권해드렸다. 고등학교 1학년이 된 A는 지금 학교에서 전교 5등 안에 드는 우수한 성적의 학생이다. 단순 암기에 강한 A는 복잡하게 생각을 안 해도 되는 주입식 교육이 본인한테 매우 맞고 편하다고 했다. 이렇게 교육에는 정답이 없다. 무조건적인 절대적인 방법도 없다. 그렇기 때문에 교육을 시키는 모든

엄마들은 개척자의 모험 정신을 가져야 할 것이다. 하지만 어느 누구도 자식 교육에 있어서만큼은 모험의 위험을 무릅쓰고 싶어 하지 않아 한다. 내 아이를 어느 길보다도 안전하고 보장된 길을 가게 하고 싶은 것이 엄마들의 마음이다. 굳이 선구자가 될 필요는 없다. 하지만 그 길이 내 아이와 맞는 교육이라면 과감히 시도해볼 가치는 있을 것이다.

좋은 교육이란 우리 아이에게 가장 맞는 교육일 것이다. 아이들마다 개개인이 다르므로 '어떻게'에 대한 정답은 아이마다 다를 것이다. 그 부분에 있어서 나는 우리 엄마를 정말 존경한다. 엄마는 교육에 엄마 나름대로의 소신이 있었던 것 같다. 본인이 미국 유학 경험이 없었음에도 불구하고 딸을 태평양 건너 홀로 보내 교육을 시켜보겠다는 단호한 용기를 나는 높이 산다. 그리고 엄마는 옳았다. 미국 유학 경험은 나의 인생 전체를 바꿔놓을 만큼의 인생의 중요한 자양분이 되었으며 나는 돈을 주고도 사지 못할 많은 가치 있는 경험을 했다.

나에게는 여동생이 한 명 있는데 그 당시에 막 생긴 국제고를 1기로 입학했다. 주변에서는 다 말렸었다. 집 가까운 학교를 편하게 보내지 왜 모험을 하냐고 다들 이해 안 간다는 듯한 표정이었다. 하지만 엄마는 소신이 있으셨다. 기계적 입시 준비보다 기본기 충실한 공부를 시키고 싶으셨다고 한다. 동생도 동의를 했고 집에서 멀리 떨어진 국제고를 다니게 되었다. 다른 사람들 눈에는 검증 안 된 새로 막 지어진 학교를 입학하는 것이 무모하다고 보였다. 엄마는 또 옳았다. 엄마의 판단대로 그 학교에서 동생이 펼칠 기회는 많았다.

영어 교육도 마찬가지이다. 읽기, 듣기, 쓰기, 말하기 네 가지 기능이 잘 어우러지게 학습을 시켜야 한다. 아이가 어릴수록 엄마의 판단이 중요하다. 그렇기 때문에 엄마들은 혼란스럽다. 혹시 내가 잘못 판단해서 우리 아이 교육에 걸림돌이 되고 싶지 않기 때문이다. 하지만 모든 정답은 아이들에게 이미 있다. 아이들이 주는 신호를 잘 들어보면 그 안에 답이 다 있다.

"엄마, 나 영어가 싫어. 영어 유치원 그만 다니고 싶어."

엄마들에겐 청천벽력 같은 소리일 것이다.

"뭐? 영어가 싫다고? 아니 왜? 영어 해야 하는데? 어쩌니…."

분명 이유가 있을 것이다. 이유는 친구 관계일 수도, 선생님이 무서워서일 수도, 숙제가 너무 많아서일 수도, 아니면 영어로 못 알아듣는 기분이 답답해서일 수도 있다. 그러나 여기서 주의해야 할 것은 어린아이일수록 자신의 생각을 마치 일어난 것처럼 혼동해서 이야기를 하는 경우가 많다. 그러므로 엄마가 통찰력 있게 그것을 잘 파악하는 것이 중요하다. 그러나 정말 영어가 싫어서 영어를 그만두고 싶다고 하면 잠시 쉬게 하는 엄마의 용기도 필요하다. 영어는 장거리 달리기이다. 숨이 턱까지 차오르는데 계속 달리면 몸에 무리가 온다. 그러므로 잠시 쉬어서 숨도 좀 고르고 물도 먹고 몸의 리듬을 읽으며 기다렸다가 다시 비상할 준비를 하면 된다.

"엄마, 나도 영어 유치원 다니고 싶어. 보내줘."라고 하는 아이도 있을 것이다. 만약 영어 유치원을 보내기에 여러 가지 상황이 안 맞아도 괜찮다. 요즘에는 영어 유치원 말고도 영어 노출 기회는 정말 많다. 유튜브, 넷플릭스, 디즈니 플러스 등의 미디어 플랫폼뿐 아니라 원어민과 직접 하는 화상 영어도 정말 많다. 그렇기 때문에 너무 걱정할 필요는 없다.

"어떻게 하면 교육을 잘할 수 있을까요?"
"아이의 눈높이에서 호흡을 같이 하면 됩니다."

07

영어 교육 시작 전
꼭 알아야 할 세 가지

1) 우리 아이의 영어 습관 들이기

2) 우리 아이의 영어 성장에 집중하기

3) 우리 아이의 영어 교육에 함께하기

첫 번째는 영어 습관을 들이는 것이다. 세 살 버릇 여든까지 간다는 속담이 있다. 실제로 아이들의 자아 형성은 3세 때부터 시작이 되어 7세부터는 형성기에 들어간다. 우리는 이 시기에 많은 습관을 익힌다.

하루에 이 세 번 닦기

식사를 할 때 소리 내고 먹지 않기

친구들과 싸우지 않고 사이좋게 놀기

다른 사람에게 양보하기

어른을 보면 공손히 인사하기

거짓말하지 않기

밖에서 들어올 때 "안녕히 다녀왔습니다" 하기

이 모든 것들을 우리는 학습하여 습관으로 만들었다. 하지만 마치 우리는 이 행동들을 처음부터 우리가 저절로 알았던 것만 같은 착각을 한다. 이것이 무의식의 힘이다. 무의식은 우리의 사고, 더 나아가 자아를 지배한다.

코로나가 세상을 바꾼 지 거의 2년이 다 되어간다. 처음에 어색하고 불편하기만 했던 마스크 착용도 이제는 그렇지 않다. 오히려 마스크가 없으면 불안하다. 마치 전쟁터에 무기 없이 참전하는 느낌이다. 코로나 전의 세상 속의 나의 모습을 떠올려보면 너무 그립긴 하지만 '참 비위생적이었구나.'라는 생각에 깜짝 놀란다.

코로나 전에는 이것저것 다 만진 손으로 씻지도 않고 길거리를 걸으며 과자를 아주 맛있게 먹었다. 온갖 먼지와 함께한 핸드폰을 씻지도 않고 침대로 가지고 와서 아주 재밌게 유튜브 영상을 보며 잠들었다. 지금은 절대 상상도 할 수 없는 일이다. 집에 들어오자마자 핸드폰을 닦고 손을 닦는 습관이 몸에 이미 익어버린 것이다. 그리고 이미 밖에 다녀오면 핸드폰과 손을 씻어야만 하도록 생각이 습관화되었다. 행동을 하면 사고도 같이 간다. 행동하는 대로 생각하기 때문이다.

『결국 이기는 사람들의 비밀』의 저자 리웨이원은 습관은 95%의 행동을 지배한다고 말한다. 그는 새로운 습관은 3주가 걸리지만, 몸에 이미 익숙해져버린 습관을 제거하는 데는 100일도 부족하다고 말한다. 그래서 어릴 때 들인 좋은 습관들이 평생 가게 되는 것이다. 다섯 살 때부터 열 살까지는 좋은 습관을 들이기 최적화된 시기이다. 새하얀 도화지에 습관의 밑그림을 그리는 단계이기 때문이다. 그래서 영어 공부를 아주 늦어도 초등학교 1학년 때에는 시작하기를 추천한다.

그렇다면 어떤 습관을 들이라는 것일까? 궁금해하시는 분들이 많을 것이다. 습관은 부담되지 않는 선에서 아주 사소한 것일수록 좋다.

자기 전에 영어책을 30분 읽고 자기

하루에 영어 단어 10개씩 외우기

하루에 15분씩 영어 일기 쓰기

하루에 20분씩 영어로 된 영상 보기

일상생활의 작은 습관은 작아 보인다. 그래서 사람들이 간과하고 지나가기 쉽다. 하지만 그 습관들이 모이면 결코 작지 않은 효과를 불러올 것이다.

두 번째로는 우리 아이 영어 성장에만 집중하는 것이다. 피겨스케이트 메달리스트 김연아 선수의 성공 신화는 세계적으로 유명하다. 주니어 시절에는 그녀의 라이벌이라고 불리웠던 아사다 마오 선수가 조금 더 두각을 나타내었었다. 하지만 김연아 선수는 오롯이 본인의 성장에만 집중했고 마침내 아사다 마오 선수를 넘어서게 된다. 개인 연습장까지 지원받으면서 풍족한 환경에서 훈련을 했던 아사다 마오 선수는 일반인들이 놀러오는 링크에서 연습을 해야 했던 김연아 선수에게 왜 지게 되었을까? 아사다 마오 선수는 김연아 선수의 성적에 크게 흔들렸고 김연아 선수는 오롯이 본인의 성장에 집중했다. 나는 아직도 2010 밴쿠버 동계 올림픽에서 아사다 마오 선수의 높은 점수를 보고 대수롭지 않다는 듯 피식 웃으며 링크장에 들어서던 김연아 선수의 당당한 자신감과 패기를 잊을 수가 없다.

이렇듯 우리 아이가 가는 길에 오롯이 집중을 해야 한다. 하지만 엄마들은 흔들릴 수밖에 없다. 옆에서 들려오는 이야기, 인터넷에 떠도는 정보 등을 들으면 나의 선택이 옳은 것인지, 왜 우리 아이는 다른 아이와 같은 결과가 나오지 않는지, 지금 맞게 가고 있는 것인지 등등 혼란스러울 수밖에 없다. 그럴 때는 혼란함을 당연한 것으로 여기고 인정해버리면 된다. 혼란스러운 파도에 휩쓸리지 말자. 만약에 김연아 선수가 아사다 마오 선수의 높은 점수에 혼란스러워하고 흔들렸다면 2010년 밴쿠버 올림픽 금메달리스트의 자리에 오르지 못했을 것이다.

"심리학자들은 '남보다 낫게'를 인생의 목표로 삼을 때 비교의 늪에 빠진다고 경고한다."

— 리잉, 『성공이 보이는 심리학』

여기서 말하는 '남'은 누구일까? 우리 아이가 경쟁해야 하는 '남'은 누구일까를 한번 생각해볼 필요가 있다. 그리고 왜 우리 아이는 꼭 '남'보다 잘해야만 하는지 질문을 던져볼 필요가 있다. 장거리 달리기 선수와 단거리 달리기 선수를 비교하는 것은 무의미하다는 것을 모두가 다 잘 알고 있다. 아이들마다 재능이 다르고, 성향이 다르고, 삶의 모습이 다 다르다. 그저 같은 나이라고 해서 비교를 당하는 것은 너무 무의미할 것이다.

우리 아이의 속도를 인정하고 엄마가 선택한 방향을 확신과 소신으로 함께 걸어가면 흔들릴 이유가 없다. 어차피 우리 아이는 영어를 잘하게 될 것이기 때문이다. 그래도 조금 불안하고 혼란스럽다면 김연아 선수처럼 한번 피식 웃어넘겨보자. 그리고 크게 외쳐보자. "나는 잘하고 있어!"라고.

세 번째는 우리 아이 교육에 함께하기이다. 아이와 함께 참여하는 교육만큼 효과가 큰 방법은 없다. 아이에게 엄마란 존재는 세상의 전부이고 우주이다. 아이는 엄마의 모습을 보고 큰다. 내 세상의 전부인 이 세상에서 가장 의지하는 존재인 엄마가 책을 보고 있으면 아이도 책을 보고 싶어진다. 아마 한 번쯤 모두는 어린 시절 엄마의 립스틱도 발라보고 엄마의 큰 구두도 신어보며 걸어다녔던 적이 있을 것이다. 이렇게 아이들은 엄마가 하고 싶은 것을 따라 해보고 싶어진다.

tvN 〈유 퀴즈 온 더 블럭〉에 이명학 영어 스타 강사가 출연한 적이 있다. 그는 이렇게 말했다.

"제가 수업을 했는데 저 아이가 못 알아들으면 제 책임이란 생각이 들어요. 근데 내 아이가 못 알아들으면 '얜 왜 이러지?'란 생각이 들거든요."

이것이 부모의 마음이다. 일타 강사도 본인 아이가 이해를 못 하고 있으면 아이가 잘못되는 것은 아닌지 앞으로 어떻게 해야 할지 걱정이 된다고 한다. 이것은 어쩌면 부모라면 당연하게 드는 마음일 것이다. 당연하게 드는 마음을 애써 부정하려고 하지 말자. 자연스러운 마음이 드는 것을 인정해야 한다.

여기서 이야기하는 교육에 함께하기는 직접 가르쳐준다는 의미보다는 정말 함께한다는 의미이다. 아이가 공부하고 있을 때 옆에서 함께 같이 공부를 하면 정말 이상적이다. 하지만 집안 살림에 육아에 바쁜 엄마들에게는 현실성 없는 이야기일 수도 있다. 아이의 시선에서 아이를 응원하고, 단호할 땐 단호하지만 또 공감해줄 때는 맘껏 공감해주는 것이 아이와 함께 가는 것이다. 아이 영어 점수만 열심히 확인하는 것이 아니라 아이가 영어를 어떻게 느끼고 있는지, 힘들지는 않은지, 어떤 것이 재밌는지를 아이 눈높이에서 함께 걸어나가면 우리 아이 영어는 반드시 잘하게 되어 있다.

ENGLISH SECRET NOTE

2장

영어 자존감이
영어 실력을 만든다

영어 자존감이
영어 실력을 만든다

"자녀 교육의 핵심은 지식을 넓히는 것이 아니라 자존감을 높이는 데 있다."

— 레프 톨스토이

사람들은 살면서 많은 인간관계를 맺는다. 그중에서도 가장 중요한 관계는 나 자신과의 관계이다. 나 자신과 잘 지내려면 자존감이 높아야 한다. 자만심과 자존감은 너무나도 다르다. 자존감은 자신 스스로를 존중하면서 있는 그대로 받아들이는 용기를 가져다준다. 그래서 만일 원하는 결과를 얻지 못할 때라도 자신을 믿게 만드는 마법의 힘은 자존감에서 나온다. 이것은 우리 아이들이 살아가면서 꼭 키워나가야 할 필수 조건일 것이다.

그렇다면 자존감이 낮은 아이는 어떤 모습일까? 자존감이 낮으면 반대로 열등감이 높다.

"열등감은 다양한 통로를 통해 만들어지지만 … 분명한 것은 어린 시절의 경험이 핵심적으로 작용한다는 점이다. 아들러는 특히 유아기에 가족 관계에서 형성된 감정이 미치는 영향을 중시한다."

– 박홍순, 『저는 인문학이 처음인데요』

아이의 첫 자존감은 엄마가 심어준다. 우리 아이가 처음 태어났을 때를 다시 한번 눈 감고 기억해보자. 너무나도 작고 천사 같은 금쪽같은 우리 아이의 모습을 보고 엄마들은 함박웃음을 지었을 것이다. 분유를 다 먹으면 다 먹었다고 칭찬, 트림을 하면 트림을 했다고 칭찬, 기어다니면 기어다녔다고 칭찬. 하나부터 모든 것을 다 칭찬해주고 싶던 그 마음을 한번 기억해보자.

영어 교육도 마찬가지이다. 아이들의 자존감은 긍정적인 에너지에서 나온다. 대부분의 대치동 아이들은 영유아기에 영어 교육을 시작한다. 이때는 아이들의 성격 발달이 되는 시기이다. 우리 아이들의 성격 형성이 시작되는 시기에 영어 학습을 함께 시작해야 하는 현실에 대치동 엄마들은 딜레마에 빠지곤 한다.

영어 공부를 하면서 혹시나 아이가 너무 스트레스를 받지는 않을까 걱정을 하기도 한다. 하지만 대치동 아이들이 영어 유치원에 다니면서 모두 스트레스를 받아 우울감에 빠지는 것은 아니다. 그 비결은 뭘까?

놀이, 학습, 적당한 휴식의 밸런스를 잘 맞추는 것이다. 영어 교육에만 너무 집중해서 다른 중요한 부분을 놓친다면 안 하느니만 못하는 교육이 될 것이다. 공부에 과열된 분위기에서만 살 것 같은 대치동 아이들도 친구들과 놀기도 하고 가족들과 여행도 다니며 휴식을 한다. 아이들이 잘 놀며 잘 휴식할 때 그 안에서 엄청난 창의력과 잠재력이 성장한다. 하지만 놀이와 공부, 그리고 휴식의 균형이 깨지는 순간 탈이 난다. 그리고 나는 이 균형의 중요성을 특히 나이가 어린 초등 학부모들에게 늘 강조를 한다.

아이들의 자존감은 엄마에게서 시작되지만 사회활동을 하며 성장한다. 친구들에게 인정을 받았을 때, 선생님에게 칭찬을 받았을 때, 또 실패를 하고 다시 일어났을 때 등 이 모든 것들이 아이들에게는 자존감을 키우는 과정이다.

어렸을 때 나는 친구들과 많이 뛰어놀던 아이였다. 나의 엄마는 초등학교 저학년 때까지는 공부 학원보다는 피아노, 바이올린, 스케이트, 수영, 미술 등 주로 창의력, 체력, 사회성을 기를 수 있는 활동을 더 중요시하셨다. 학창 시절 내내 임원을 했는데 이런 어린 시절의 영향이 컸다고 생각한다. 중학교 때 미국으로 유학을 간 첫 해에 나는 부회장이 되었다. 지금 생각하면 내 스스로도 참 깜찍했던 것 같다.

내가 어렸을 때만 해도 영어 유치원이라는 것은 없었다. 미국에서 살았었던 경험도 없었다. 그저 몇 번 갔었던 미국 어학연수가 전부였기 때문에 영어를 그렇게 유창하게 잘해서 간 것은 아니었다. 미국 간 지 1주일 정도 지났을 때 학년 임원 선거를 한다고 하길래 친구에게 나를 추천해 달라고 하였다. 나는 스피치 하는 것은 언제나 자신이 있었기 때문에 스피치를 유쾌하고도 멋지게 써갔다.

기대는 크게 안 했지만 기적이 일어났다. 그 미국 아이들을 제치고 내가 정말 당선이 된 것이다. 얼떨떨했지만 그 덕에 나는 영어를 좀 더 빨리 배울 수 있었다.

언어는 사람에게서 배운다. 마치 배구공을 주고받듯이 언어도 말을 주고받을 때 실력이 향상이 된다. 언어학자 스티븐 크라센은 언어 습득에서 가장 중요한 세 가지는 동기 부여, 자존감, 그리고 낮은 불안감이라고 했다.

"만약 학생이 의욕도 없고 자존감도 낮고 불안감은 높다면 방어적인 자세를 취하고 어학 수업은 자신의 약점이 보여지는 장소라고 생각한다면 학생은 인풋을 이해할 수는 있지만 언어 습득을 하는 뇌의 부분에 도달하지 못하게 된다."

– 스티븐 크라센

나는 J가 2학년 때 처음 만났다. 영재 영어 유치원으로 유명한 곳을 3년 다니고 대치동 Top 3 중 하나라는 학원을 다니던 도중 J는 영어에 싫증을 느꼈다. J의 엄마에게는 청천벽력 같은 소리였다.

"선생님, J가 영어 학원에 가고 싶지 않다고 해요. 어떻게 하면 좋을까요? 친구랑 싸운 것도 아니고 학원 선생님도 좋으시고 별다른 일이 없었는데 갑자기 저러네요. 너무 걱정이 됩니다. 그리고는 그냥 영어가 싫다고 해요."

J와 이야기를 조금 나누고는 J가 복합적인 문제에 직면했음을 나는 알았다. 그중에서도 첫 번째로는 많은 단어를 암기하는 방식이 J에게는 맞지 않았던 것이다. 유치원은 즐겁게 다녔다는 어머니 말씀으로는 처음부터 영어에 거부감을 느끼지는 않았던 것 같다. 그런데 초등학원에 다니면서 늘어난 단어 암기량과 숙제량에 조금씩 지쳐갔다. 그리고 J에게는 다섯 살 많은 누나가 있었다. 누나는 영어를 아주 잘했다. 이미 비교 대상이 J에게는 있었다.

J는 또래보다 영어를 잘하는 아이였다. 하지만 누나와 비교했을 때 스스로 본인이 잘하지 못한다는 사실에 좌절했다. 그러면서 점점 영어가 싫어졌고 편한 한국말을 더 쓰고 싶어 했다. 더 어릴 때는 영어책만 보던 J였지만 점점 영어로 된 책에 거부 반응을 느끼게 되었다. 그리고 점점 편한 언어를 쓰고만 싶어 했다. 그렇게 J의 영어 언어 회로는 점점 꺼져가고 있었다.

이럴 경우에는 무조건 영어와의 친밀도를 높이는 작업부터 먼저 해야한다. 본인 실력에 비해 훨씬 쉬운 교재라도 좋으니 영어에 대한 부담감을 줄여야 한다. 그렇게 J와 수업한 지 3개월 정도가 지났을 때 J는 다시자신감을 찾았고 영어 자존감도 다시 회복되어 있었다. 아무리 영어를잘해도 자존감이 떨어지면 자신감이 없어지고 좌절하여 실력 발휘를 못한다. 실제의 본인의 모습과 본인 자신이 보는 모습의 차이가 너무 크기때문이다.

제 2언어를 배우는 것은 원래 다니던 길이 아닌 전혀 새로운 곳에 다시 길을 만드는 것과도 같다. 어린 나이에 제 2언어를 시작하는 가장 큰장점은 나이가 어릴수록 생각이 단순하고 두려움이 적기 때문이다. 편한언어를 포기하고 불편한 언어를 자연스럽지 않게 배우는 작업은 생각보다 힘들다.

누구에게나 모국어는 하나이다. 모국어는 태어났을 때 아주 자연스러운 방식으로 배운다. 2~3년 정도를 듣기만 하다가 단어를 하나씩 하나씩 쓰기 시작하면서 문장을 만든다. 이미 모국어를 습득했을 때 새로운언어를 배우는 것은 편하게 다닐 수 있는 포장도로를 놔두고 다시 삽으로 도로를 만들어서 걸어가야 하는 것이다. 하지만 한번 모국어를 습득한 경험이 있으니 뇌는 그것을 기억한다. 언어 능력이 향상이 되었을 때 영어를 배우는 장점은 언어 습득 이해도가 빠르다는 것이다.

이 힘든 과정 속에서 우리 아이들은 작아질 수 있다. 쉽게 입에서 나오지 않는 영어에 좌절하고 속상할 수 있다. 그럴 때 아이들이 자신을 스스로 지키는 힘은 영어 자존감이다. 그렇기 때문에 영어 실력과 함께 영어 자존감을 성장시키는 것은 매우 중요하다.

영어 자존감과 칭찬은
비례한다

"칭찬은 고래도 춤추게 한다."

칭찬을 할수록 아이들의 영어 자존감은 올라간다. 도대체 칭찬의 힘은 뭘까? 모든 사람들에게 한 번쯤은 칭찬을 받아서 잊지 못할 순간이 있을 것이다. 그리고 그 순간이 인생의 터닝 포인트가 되기도 한다.

"네 일기를 친구들 앞에서 읽어줘도 되겠니?"

선생님이 물었다. 초등학교 2학년 때의 일이다.

"?"

"아니 일기를 너무 잘 써서 그래. 반 아이들에게 읽어주고 싶구나. 너무 잘 써서. 그래도 될까?"

반 아이들이 내 일기를 듣는 것은 조금 창피했다. 하지만 선생님이 칭찬을 해주려고 하는 거니까 나는 부끄럽지만 용기를 내어 대답했다.

"네…."

아홉 살 때의 이 기억은 아직도 생생하다. 다른 사람에게 인정을 받는 것이란 이렇게 한 사람의 인생에서 큰 부분을 차지한다. 어느 날 친한 동생한테 전화가 왔다.

"언니, 나 베이킹 스쿨 가려고 해. 그래서 이제 곧 파리로 떠나."

오랜만에 친한 동생에게 연락이 왔다.

"언니가 내가 쿠키 만들어줄 때마다 너무 맛있다고 한 말이 계속 맴돈다. 그래서 더 늦기 전에 파티시에 꿈을 이뤄보려고."

친한 동생에게는 예전부터 파티시에라는 꿈이 있었다. 하지만 현실과는 너무 먼 꿈이라고 생각했다. 그래서 대기업에 입사를 했고 베이킹은 취미로만 간직했다. 그런데 내가 쿠키를 먹을 때마다 너무 맛있다고 칭찬했던 말들이 계속 마음속에서 떠나질 않는다고 했다.

본인이 베이킹을 좋아하는 것은 알았지만 이렇게 다른 사람에게 인정을 받으니 용기가 생겼다고 했다. 그리고 파리로 떠났고 정말로 멋진 파티시에가 되어서 꿈을 펼치고 있다. 이렇게 칭찬은 사람의 잠재력을 깨우는 힘을 가지고 있다.

내가 B를 처음 만났을 때 B는 외국인 학교에 다니고 있는 4학년 학생이었다. 한국 학교를 다니다가 외국인 학교로 옮긴 지 몇 개월이 지나지 않았기 때문에 영어에 자신감이 없었다.

그러다 보니 학교 공부에 점점 흥미를 잃어가고 있었다. B는 점점 더 많은 시간을 게임에 쓰고 싶어 했다. 이 부분을 B의 엄마는 많이 걱정을 하곤 했었다.

에너지가 많은 아이일수록 자신의 에너지가 제대로 쓰이지 못하면 게임이나 다른 곳에 집중하게 된다. B 같은 경우는 영어뿐 아니라 전반적인 학습 부분에 있어서 자신감 없어 했다. 잘하고 싶은데 스스로는 방법을 모르고 보이는 점수는 만족스럽지 않으니 외면하기 위해 B가 선택한 방법은 게임이었던 것이다.

B와 같은 경우 자존감 회복을 위해서는 정면 승부를 하여야 한다. 자신감이 많이 떨어져 있던 상태였기 때문에 칭찬을 많이 해주면서 시작을 하였다. B는 자신감은 많이 떨어져 있었지만 목표는 높았기 때문에 현실과 이상의 차이가 컸다. 그래서 칭찬을 해줘도 스스로 만족감을 느끼지 못했다. 자존감을 키우기 위해서는 주변에서 해주는 칭찬이 중요하다.

하지만 스스로가 성장을 하는 기분을 느끼는 것이 훨씬 더 중요하다. '아, 이게 되는구나. 내가 잘하고 있구나. 나 이제 할 수 있구나.'라고 느끼는 순간 고지는 바로 눈앞에 보이는 것이나.

그렇게 B는 수업시간에 나의 칭찬을 무럭무럭 받고 있었다. 세상에 칭찬 싫어하는 사람이 어디에 있을까. 내가 칭찬을 하면 처음에 시큰둥했던 B는 어느새 나의 칭찬을 즐기고 있었고 기대하고 있었다. 아직까지는 B에 맞춰주어야 할 시기였기 때문에 나는 작은 것 하나까지도 놓치지 않고 계속해서 칭찬을 해주었다.

그렇지만 B가 놓치고 있는 부분들, 더 해나가야 할 부분들은 계속 단호히 이야기를 해주었다. 그렇게 수업을 이어나가던 중 B가 밝은 모습으로 교실에 들어왔다.

나에게 B+라고 적혀진 라이팅을 보여주었다. D를 맞던 라이팅이 B+가 된 것이었다.

B에게 그 어느 때보다 많이 칭찬을 해주었다. B는 진심으로 성취감을 느꼈다. '됐다!' 나는 속으로 환호했다. 이제부터는 B가 하기 힘들어하는 것들을 추가로 해도 되는 것이다. B는 단어 외우기와 책 읽기를 지루해하고 힘들어했다. B는 이미 눈으로 결과를 봤다. 성취감도 느꼈다. 그러면서 나와의 신뢰를 완전히 쌓았다.

그렇기 때문에 B는 힘들어 보이고 지루해 보여도 내 말대로 하면 더 잘하게 된다는 것을 안다. 이미 경험을 했기 때문이다. 경험에서 얻는 깨달음은 아주 크다. 이렇게 경험으로 깨닫고 나면 생각이 바뀌고 생각이 바뀌면 행동이 바뀐다. 그 행동이 반복이 되면 습관이 된다. 그러면 나중에는 그런 사람이 되는 것이다. 그렇게 나와 4년 수업을 하였고 B는 우수한 성적으로 미국의 명문 보딩을 입학하여 유학길에 올랐다.

B가 바뀔 수 있었던 중요한 요소는 나와의 신뢰다. B는 처음에는 시큰둥했지만 점점 나의 칭찬을 진심으로 믿었다. 내가 칭찬을 할 때 빈말로 하는 게 아니라는 것을 점점 깨달아갔다. 그러면서 B 스스로도 점점 자신의 긍정적인 변화를 느끼게 되었다.

이 변화는 B가 학습에 흥미를 느끼게 해주었다. 그러면서 자연스럽게 B는 게임과는 멀어졌다. 학교에서 얻는 성취가 게임으로 느끼는 성취보다 더 크다는 것을 느꼈기 때문이다.

"나이가 어려도 풍부한 내면의 세계가 있고 강한 자존심이 있다. 아이들은 선생님이나 부모가 생각하는 자신의 위치를 매우 중요하게 여긴다.

… 심리학 연구에서도 칭찬과 인정을 받았을 때 일이나 학습 효율이 현저히 향상된다는 사실이 밝혀졌다."

– 리잉, 『성공이 보이는 심리학』

대부분의 엄마들은 더 잘하라는 의미에서 칭찬에 인색하다. 하지만 칭찬을 받아야 하는 상황에서 칭찬을 안 하는 것은 아이들의 가능성을 외면하는 것이다.

그래서 칭찬은 알맞은 상황에서 크게, 많이 해주는 것이 좋다. 그럴수록 아이의 자존감은 성장한다. 이렇게 성장한 자존감은 영어 교육뿐만 아니라 아이가 삶을 살아가는 데 아주 큰 자양분이 된다.

이렇게 적절한 상황에서의 알맞은 칭찬은 우리 아이에게 절대 잊지 못할 긍정적인 기억으로 남게 된다. 그리고 이 긍정적인 기억의 힘은 엄청날 것이다.

칭찬은 실패해도 좌절하지 않고 다시 일어나서 도전할 수 있는 용기를 준다. 그리고 내 자신을 신뢰할 수 있게 해준다. 이렇게 아이들의 잠자고 있는 잠재력은 깨어난다. 진심 어린 칭찬은 아이들의 자존감을 키워준다. 성장한 자존감은 아이들의 영어 교육에 커다란 에너지원으로 작용한다. 오늘부터 우리 아이에게 아낌없이 칭찬을 해주자!

우리 아이의 성향을 알면
방향이 보인다

"너 자신을 알라."

– 소크라테스

만약 우리가 한 번도 가보지 않은 길을 떠나야 한다면, 가장 먼저 무엇부터 해야 할까? 우선 내가 있는 현재의 위치를 파악하고 목적지까지 가는 방법을 지도나 내비게이션으로 알아내야 한다. 이렇듯 우리 아이 영어 교육을 시작하기에 앞서 내 아이의 현재 상태를 정확히 알고 있는 것만큼 중요한 것은 없을 것이다.

앞에서 언급했듯이 대치동의 가장 큰 매력은 다양한 형태의 학원들이 많다는 것이다. 소위 이야기하는 대치동 Top 3(렉스킴, 피아이, ILE)부터 맞춤형 소규모 학원까지 무수히 많은 학원들이 있다.

만일 엄마 스스로가 아이 영어의 현재 주소를 파악하기가 쉽지 않다고 여겨지면 학원 레벨 테스트를 보는 것도 도움이 된다.

대부분 학원들의 레벨 테스트는 4대 영역(reading, listening, speaking, writing)을 고루 다루고 있다. 그렇기 때문에 우리 아이의 영어 4대 영역의 수준을 객관적으로 평가를 하는 데 도움이 된다.

언어를 배우는 것은 아이의 성향에 많이 영향을 받는다. 예를 들어 한국말도 사람들의 성격과 성향에 따라 말투, 억양, 사용하는 단어가 다르다. 또한 연령과 성별, 내가 속한 집단에도 영향을 많이 받는다. 초등학생 어린이, 10대 청소년, 20대 대학생, 20대 직장인, 30대 가정주부, 30대 직장인 등 이렇게 언어를 통하여 각 집단의 특색을 보여준다.

그렇다면 우리 아이의 성향은 어떨까?

영어를 완벽하게 잘하고 싶어요 : 완벽주의형

완벽주의 성향의 아이들은 자신의 모습이 완벽하기를 기대한다. 그래서 실수를 범하지 않기 위해 많은 노력을 한다. 이럴 때 아이들은 긴장도가 올라간다. 완벽주의는 양날의 검인데 이런 부분이 아이가 높은 기준의 성취를 하게 되는 동기 부여가 된다. 하지만 한편으로는 실수를 두려워해서 아예 시도조차 두려워하는 아이들도 있다.

S는 초등학교 3학년 아이였다. 영어 유치원 3년을 다니고 대치동에서 다른 학원을 다니고 있었지만 생각보다 영어 속도가 빠르게 늘지 않았다. 이런 고민을 가지고 나를 만나게 되었다. 대치동 아이들은 정말 많은 양의 공부를 아주 어릴 때부터 습득하는 훈련을 받아왔다. 그렇기 때문에 객관적으로 봐도 많은 양의 학업을 효율적으로 빠른 시간 내에 끝내는 아이들이 많다. 그런데 S는 조심성 있고 꼼꼼한 성향의 아이였다. 그러다 보니 학년이 올라갈수록 많아지는 학습량이 버거워지기 시작하였다.

사실상 완벽주의 성향은 언어를 배우는 데 도움이 되지 않는다. 아이들마다 약간의 차이는 있지만 실수를 만들고 싶지 않은 나머지 시도를 하지 않는 아이들이 주로 많다. 또한 말하기 전 머릿속으로 완벽하게 시뮬레이션을 그리고 연습을 한 뒤 입을 열기도 한다. 이런 습관은 아이에게는 영어에 대한 피로도가 쌓이게 한다. 그러다 보면 영어에 흥미를 잃을 가능성도 높다.

조심스러운 성향의 S도 실수를 하고 싶어 하지 않았다. 리딩 문제를 풀 때면 40% 정도를 끝냈지만 문제를 푼 것은 다 맞았다. 시간이 필요한 아이였다. 그렇다면 아이에게 충분한 시간을 주고 기다려줘야 한다. 질문을 하면 S는 확실하게 알지 못하면 입을 닫고 대답을 하지 않았다.

"I don't know."라고 이야기하는 것조차 힘들어했다. 모른다고 인정하면 자존심이 많이 상하는 듯 보였다. 하지만 모른다고 인정할 줄도 알아야 한다. 모르는 것은 절대 잘못된 것이 아니라 당연한 것임을 계속해서 이야기해주었다.

언어 습득도 훈련의 일종이다.

"Thank you.", "Excuse me." 이런 표현은 정확한 뜻을 아는 것보다

도 그 상황에 맞춰 이야기하도록 훈련이 되어 있는 표현들이다. "I don't know", "Can you please help me?"도 마찬가지이다. 자신의 상황을 정확하게 전달할 수 있을 때 배움의 속도는 빨라진다. 아이의 성향은 쉽게 바뀌는 것이 아니라서 S는 여전히 조심스럽고 시간이 조금 더 필요한 아이이다. 하지만 훈련으로 개선될 수 있는 부분은 충분히 많이 좋아졌다. 실수를 해도 괜찮고, 모르는 것은 물어보면 된다는 사고방식으로 점차 변하였다. 그러면서 영어를 좀 더 즐기게 되었다. 더 이상 영어로 말하는 것과 실수를 하는 게 두렵지 않았다.

영어를 잘해서 칭찬을 받고 싶어요 : 인정형

사람들이 다른 사람에게 인정을 받고 싶어 하는 것은 지극히 자연스러운 일이다. 하지만 조금 더 다른 사람의 반응에 예민한 아이들이 있다. 영어를 잘해서 칭찬을 받고 싶은 유형은 반대로 이야기하면 영어를 잘하지 못하면 칭찬을 받지 못할 것이라고도 생각한다는 뜻이다. 이 아이들에게는 결과에 상관없이 노력을 한 부분을 인정해주고 칭찬을 해주는 것이 중요하다. 진정한 배움은 과정에서 오는 것인데 그 부분을 엄마들은 간과할 때가 많다. 너무 결과 중심적으로 가다 보면 아이들은 배우는 과정에서 중요한 많은 부분을 놓치게 되기도 한다.

D는 리딩을 즐겨하지 않는 아이였다. 리딩을 풀 때도 패시지(passage)를 읽지 않고 답만 써내려갔다. 문제를 먼저 읽고 그 비슷한 단어를 패시지에서 역추적하여 찾아서 그 비슷한 언저리에 있는 답을 찾았다. 하지만 답을 틀리기는 싫었다. 리딩을 꼼꼼히 읽지 않고 문제를 풀었으니, 당연히 틀리는 개수는 많았다. 틀린 문제를 보면 상당히 기분이 언짢아 했다. 그리고 스스로에게 실망했다.

1. 리딩이 재미없다.
2. 패시지를 읽고 풀지 않고 단어로 역추적해서 푼다.
3. 틀린다.
4. 실망한다.
5. 나는 영어를 못하는 사람이다.

이 악순환의 고리를 당장 끊어야만 했다. D에게 있어서 리딩에 대한 긴장도를 늦추기 위해 처음에는 함께 읽어나갔다. 그리고 문제는 풀지 않았다. D는 의아해했다.

"문제를 안 풀 건데 이걸 왜 읽어요?"

"문제를 풀기 위해서만 읽는 것은 아니란다."

그리고 나는 D의 커리큘럼을 전면 수정했다. 리딩 컴프리핸션(Reading comprehension) 부분을 대폭 줄이고 D가 쉽고 재밌게 읽을 수 있는 챕터북으로 바꾸었다.

그 책을 읽고 내용을 얼마나 이해할 수 있었는지에 대한 간단한 퀴즈를 보았다. 나머지는 책을 활용한 다양한 액티비티를 활동하게 하였다. D는 리딩에 점점 자신감이 붙었고 책을 읽어나가고 내용을 이해하는 과정의 재미를 점점 느끼게 되었다. 그러다 보니 당연이 리딩 점수도 올라가게 되었다.

인정형 아이들은 다른 사람의 반응에 많은 영향을 받는다. 본인이 노력과는 상관없이 좋은 결과를 받아서 다른 사람에게 인정을 받고 싶어 하는 아이들도 있다. 책 읽는 참 기쁨을 깨달은 D는 노력하는 방법도 같이 학습해나갔다. 본인 스스로가 만족감을 경험하자 자존감도 덩달아 같이 성장하였다.

사교적인 유형의 아이들은 이야기하는 것을 좋아한다. 나의 이야기를 하는 것도 또 다른 사람의 이야기를 듣는 것도 좋아한다. 사람들 관계 속에서의 호기심이 많은 유형의 아이들이다. 영어 교육에서 비슷하게 작용을 한다. 영어에 대한 관심이 커질수록 영어가 느는 속도는 빨라진다.

이 유형의 아이들은 영어와 밀당을 잘한다. 영어를 짝사랑하여서 안절부절못하는 한 방향의 관계가 아니다. 이 아이들에게 중요한 것은 나와 영어와의 관계이다. 영어와 친하게 지내고 싶다. 그래서 친구처럼 소중히 대해준다. 이 아이들은 영어만큼 중요한 것이 자신의 호기심 충족이다. 그래서 영어와의 관계에서 주도권을 쥐고 있다. 내가 궁금하면 다가가고, 또 딱히 그렇지 않으면 쿨하게 넘길 줄 안다. 영어와 맺는 관계 중 가장 건강하고 이상적인 관계를 맺고 있다. 영어 실력은 자연히 빠르게 성장한다.

N은 자신감이 넘치는 아이였다. 또래보다 영어를 조금 더 늦게 시작했음에도 기죽지 않았다. 그 어린아이가 본인은 늦게 시작했기 때문에 영

어를 다른 아이보다 조금 더 못하는 게 당연하다는 사실을 완벽하게 인정하고 이해하였다. 디베이트(debate)를 할 때에도 더듬더듬하면서도 하고 싶은 말을 찬찬히 다 해나갔다. 학습 능력이 높은 아이였기 때문에 영어는 조금 부족해도 언어 감각이나, 배경 지식, 사고력, 창의력은 높은 아이였다. 이 아이는 8개월 만에 다른 아이들과 비슷해졌다. 영어 자체에 흥미를 가지고 있었고, 자신이 부족한 점을 인정하여 더 열심히 하였다. 모르는 단어는 거침없이 물어보았으며, 수업시간에 참여도도 매우 높았다. 그리고 친구들과의 관계도 매우 좋았다. 중간에 들어왔지만 아이들을 잘 도와주고 어느새 리드하고 있었다.

영어를 내가 억지로 배워야 할 지루한 것이 아닌, 영어를 친구로 대해주고 존중해주니 영어가 오히려 N에게 와서 붙어버린 셈이다. 영어와의 관계에서 완벽하게 주도권을 가져갔다. 그러면서 영어 실력은 아주 좋아졌다.

영어 앞에서 부끄러워요 : 낯을 가리는 형

낯을 가리는 이유는 다양하다. 낯을 가리는 아이들 대부분 자신이 안정적으로 정해놓은 울타리에 새로운 것이 들어올 때 불편한 감정을 갖게 된다. 자신들의 안정성을 깨고 싶어 하지 않는다. 이런 아이들은 영어 자체에 낯선 감정을 느낄 수가 있다. 영어가 익숙하지 않은 상황에서 오히려 영어로만 진행되는 학원을 가면 역효과가 날 수가 있다. 그래서 수업을 시작하기 전 예습을 하고 가면 효과가 극대화될 수 있다. 이미 영어 수업의 친밀도를 높이고 수업에 임하는 것이 좋다.

A는 수업시간에 조용했다. 그래서 처음에 나는 A가 마냥 내성적인 줄만 알았다. 하지만 쉬는 시간에 A와 친구들과의 관계를 보고 A가 마냥 조용하지만은 않다는 것을 알았다. 크게 웃기도 하고 떠들며 즐겁게 놀았다. 다만 A는 낯선 영어와 내외 하는 중이었다. 그래서 나는 A의 엄마에게 그 다음 수업시간에 배울 내용을 미리 예습해서 오기를 권했다.

예습을 해오고 난 뒤 A의 수업 태도는 많이 변했다. 조금 더 적극적이 되었다. 본인이 편하고 확실히 아는 부분에 있어서는 활발히 활동에 참여를 하기도 했다. 아이들도 예습형이 더 효과적인 아이가 있고 복습형이 더 효과적인 아이가 있는데 A의 영어 낯가림은 예습을 해오고 나서 많이 없어지게 되었다.

영어가 싫어요 : 영어 거부형

영어를 거부하는 유형에는 두 가지가 있다.

1. 영어는 좋은데 학습 영어가 싫은 유형
2. 영어 자체가 싫은 유형

먼저 영어는 좋은데 학습 영어가 싫은 유형은 너무 당연한 이야기이지만 학습적인 면이 해결이 되면 된다. 대치동에서 영어를 시작하고 첫 번째 관문은 초등 영어 학원을 택할 때이다. 일반 유치원을 졸업한 아이와 영어 유치원을 졸업한 아이로 나뉜다. 일반 유치원을 졸업한 아이들은 상대적으로 영어를 학습적으로 접근하는 것에 거부감이 없다. 그러나 놀이식 영어 유치원을 다녔던 아이들이나 영어 유치원을 다니지 않았던 아이들은 초등학교 영어 학원으로 넘어가는 과정이 편치 않은 아이들도 있다.

대치동 초등 영어 학원은 특히 저학년 입학이 매우 경쟁적이다. 레벨 테스트 자리를 얻기란 아이돌 콘서트 티켓팅만큼 어렵다. 레벨 테스트를 통과해서 학습을 따라가는 것도 사실 혼자서만 하기에는 버거울 때도 있다. 유치원 때 즐겁고 재밌게 흥미 위주로 영어에 접근하다가 갑자기 이렇게 학습식으로 된 변화에 아이들은 혼란스러워하는 경우도 있다. 이런 경우에는 아이가 편안하게 다닐 수 있는 학원을 선택하는 게 도움이 될 수가 있다. 그리고 초등학교 2~3학년쯤 다시 조금 더 학습적으로 접근하는 학원에 도전해보는 것도 늦지 않다.

H는 학습식으로 유명한 영어 유치원을 다녔다. 언어 발달이 매우 빨랐던 H는 학습식 영어 유치원이었지만 유치원 진도를 따라가는 데 전혀 어려움을 느끼지 않았고 그만큼 습득도 매우 빨랐다. 그렇게 대치동 초등 학원을 다니게 되었는데 많은 양에 아이가 놀랐다. 그러면서 영어에 대한 자신감이 조금 줄어서 흥미까지 잃게 된 상황이 오자 H의 엄마는 걱정이 되었다.

이럴 경우에는 학습 습관을 먼저 잡아주는 것이 중요하다. H는 영어를 매우 잘한다. 기본 이해도도 매우 빠르고 소위 하나를 가르쳐주면 열을 아는 아이였다. 그것이 유치원 때는 별 다른 노력을 안 해도 따라갈 수 있었지만 초등학생이 되니 숙제도 하고 단어도 외워야 했다. 그 부분이 습관이 되지 않았던 H는 처음에 어려움을 느끼는 듯하였다. 나는 H에 맞게 단계별로 접근을 하였다. 아이는 점차 자신만의 방법을 터득해나갔고 지금은 많은 양의 숙제와 학습량을 소화하는 데 전혀 문제가 안되었다.

두 번째는 영어 자체가 싫은 유형이다. 영어가 싫어지게 되는 데는 분명히 이유가 있다. 그 이유를 찾아서 해결을 해야 한다. B는 어릴 적 미국에서 살다 왔다. 한국으로 들어왔을 때만 해도 한국말을 하나도 못 하였다. 초등학교 입학을 위해서 B의 엄마는 한국어 가르치기에 돌입했다. 그렇게 영어와 인연을 5년 정도 끊고 나니 B는 영어를 홀라당 잊어버렸다. 파닉스부터 다시 해야 할 판이었다. 6학년이 되었고 더 이상 영어를 미룰 수가 없어서 학원을 다니게 되었다. 그러나 B는 이해가 되지 않았다. 한국에 살고 있는데 왜 영어를 해야 하냐, 그리고 어차피 미래에는 AI번역기가 나올 텐데 영어를 왜 배워야 하냐는 궁금증이 강했다. 단지 '중학교에 가면 시험을 봐야 해.' 또는 '영어는 세계 공용어이니까 꼭 해야 해.' 정도로는 B의 궁금증을 풀어주지 못하였다.

이런 경우는 영어의 필요성을 느끼면 영어에 몰입을 하는 유형이다. 전형적으로 본인이 동의가 돼야지 움직이는 성향인 것이다. 나는 B의 엄마에게 불안하시더라도 B에게 시간을 좀 주자고 했다. 그리고 여름방학 때 미국으로 영어 캠프에 다녀올 것을 추천했다. B는 축구를 매우 좋아했다. B가 흥미 있어 하는 축구 캠프를 3주 정도 다녀올 것을 권했고 B는 다녀왔다. 다녀오고 바뀐 B의 모습에 너무 놀랐다. 기대 이상이었다. 거기서 다양한 아이들과 하루 종일 축구를 하면서 영어로 말하며 영어에 대한 흥미가 생겨버린 것이다.

"이럴 줄 알았으면 좀 더 영어 공부를 잘 해둘 걸 후회가 됐어요. 제가 영어를 좀 더 잘했으면 더 많이 친해질 수 있었는데 아쉬워요."라고 했다.

B는 그 친구들과 온라인으로 연락을 계속 이어나가며 영어에 대한 동기 부여를 받았다. 본인의 핵심적인 궁금증이 풀리고 확실한 동기 부여가 되자 B의 영어 실력은 엄청난 속도로 늘어갔다.

영어 자체를 거부하는 아이들은 없다. 모든 아이들은 영어를 잘하게 태어났다. 영어는 단지 언어일 뿐이다. 아이들의 성향은 모두 다르고 정답이 없으므로 우리 아이의 영어 교육을 극대화시킬 수 있는 성향과 방해가 되는 성향을 잘 관찰 후 찾는 것이 급선무이다. 그러면 보다 질 좋고 효과적인 영어 교육 로드맵을 설계할 수 있을 것이다.

영어 점수가 아닌 영어 그릇을
키워야 한다

어릴 적 초등학교 운동회에서 장애물 달리기를 한 적이 있다. 9명의 아이들은 일렬로 서서 시작 소리만을 기다렸다.

탕!

나를 포함한 모든 아이들은 눈썹을 휘날리며 열심히 달렸다. 중간 도착 지점에 여러 개의 통이 놓여 있었다. 통의 모양과 크기는 각각 달랐다.

그중 한 통을 집어서 주변에 흩어져 있는 공을 보다 많이 넣어서 다시 출발 지점으로 도착하는 사람이 이기는 것이었다. 공을 좀 더 빠르게 많이 담은 사람이 이기는 게임이었다. 나는 달리기가 빠른 편이라 제일 먼저 통을 잡았지만 내 통은 그리 크지 않았다. 그렇다고 나와 꽤 먼 거리에 있는 통을 잡으러 다시 가자니 속도에서 뒤처질 것 같았다.

결국 내가 선택한 통을 가지고 열심히 달려서 통에 담을 수 있을 만큼의 공을 최대로 담고 다시 출발선으로 돌아왔다. 하지만 돌아오는 길에 많은 공을 흘렸다. 가장 먼저 도착하였음에도 불구하고 나는 공을 많이 담아 오지 못하였기 때문에 3등을 하였다.

이렇게 같은 기회가 주어져도 큰 통을 소유하지 못하면 많은 것을 담지 못하게 된다. 영어 교육도 마찬가지이다. 이 장애물 달리기처럼 엄마들은 우리 아이가 '빠르게 많이' 배우기를 원한다.

하지만 빠르게 많이 배우는 것보다 더 중요한 것은 영어 그릇을 키우는 것이다. 영어 그릇이 커지지 않은 상태에서 빠르게 속도전만 낸다면 결국 효율성이 떨어지는 영어 교육을 받게 된다.

그렇다면 영어 그릇은 어떻게 키워지는 것일까? 영어 그릇이 크다는 것은 아이가 스스로 성취를 하는 힘의 크기를 이야기한다. 학원 단어 시험에서 100점을 받는다고 영어 그릇이 키워지는 것은 아니다.

초등학교 1학년의 나이에 4학년 수준의 책을 읽기만 한다고 영어 그릇이 키워지는 것도 아니다. 영어 그릇이란 자신감, 인내심, 스스로 생각하는 힘 등이 복합적으로 성장할 때 같이 키워진다.

대치동 아이들은 다양한 주제의 라이팅을 쓰곤 한다. 상상력, 창의력이 필요한 라이팅부터 논리력, 사고력을 필요로 하는 라이팅까지 다양한 글쓰기를 한다. 좋은 글을 쓰기 위해서는 언어 습득력뿐만이 아닌 소프트웨어가 좋아야 한다. 이는 영어 그릇을 만들기 때문이다.

What would you do if a cow is running away from you?
만약 소가 당신에게서 도망친다면 당신은 뭘 하겠는가?

Write about the best birthday party plan.
최고의 생일 파티 계획을 세워보아라.

Let's say you are a bed in your room. Let's write a journal from the bed's perspective.

침대의 입장에서 하루의 일기를 써보아라.

위의 주제들은 대치동 저학년 아이들이 쓰는 라이팅의 주제들이다.

사고력, 창의력, 논리력을 겸비한 영어 그릇이 있어야 영어라는 도구를 쓸 수 있다. 영어는 도구이다. 나의 생각을 전달하는 의사소통의 한 가지 방법일 뿐이다. 나는 문법이 조금 어색해도 아이디어가 신선한 학생을 더 높이 평가한다.

그릇의 크기는 인내심에 비례한다. 과정 없는 성과는 없다.

"나는 실패하지 않았다. 단지 효과가 없는 1만 개의 방법을 발견했을 뿐이다."

— 토마스 에디슨

토마스 에디슨의 일화는 너무나도 유명하다. 전구에 불을 밝히기 위해 끊임없이 도전했던 그의 집념이 에디슨을 역사적인 발명가로 만들었다.

요즘 아이들은 빠른 것에 익숙하다. 스마트폰의 발전으로 모든 일처리는 방 안에서 터치 한 번으로 이루어지고 있다. 라떼 이야기이긴 하지만 내가 초등학교 때는 핸드폰이 보급화가 되지 않았었다. 그래서 친구에게 전화를 하려면 집 전화를 이용해야 했었다.

밤 9시가 넘어서 집에 전화하는 것은 실례이기 때문에 9시 이후에는 하고 싶은 말을 기억했다가 그다음 날 학교 가서 이야기를 할 수밖에 없었다. 그 기다림의 시간 동안 우리의 생각은 자란다. 하지만 안타깝게도 요즘 아이들은 이 기다림의 낭만을 잘 모른다.

그릇이 커지려면 시간이 필요하다. 결국 교육에 있어서 '빠르게 많이'는 허상에 가깝다. 대치동의 '빠르게 많이' 기차에 올라타더라도 그 안에서 아이가 받아들이는 객관적인 수치를 인정하고 응원해주어야 한다.

아이가 결과적인 점수에 영향을 받으면 과정에서 배우는 가치를 설명해주어야 한다.

만약 우리 아이와 배정된 반의 레벨이 많이 차이가 난다면 과감히 아이의 레벨에 맞게 높이거나 낮출 용기도 엄마에게는 필요하다.

지금의 영어 레벨이 우리 아이의 평생의 영어 레벨이 아니기 때문이다. 그렇기 때문에 학원에서 정해주는 레벨로 우리 아이의 영어 그릇을 섣불리 판단하는 것은 위험하다.

영어 그릇은 실패를 하며 커진다. 적절한 좌절과 스트레스는 아이들의 성장을 촉진시킨다. 왜 사람들은 실패를 두려워할까? 우리는 언제부터 실패를 두려워했을까?

"불안은 약점이 아니다. 우리는 불안을 받아들이는 방식을 바꾸어야 한다. 아드레날린의 분출은 임박한 사건에 대한 자연스러운 신체 반응이다. 이것이 그 유명한 '투쟁-도피' 기제이다. 긴장된 자극이 주어졌을 때 그 자극에 반응하기 위해 몸의 근육은 활동력을 높인다. 이처럼 투쟁-도피 기제는 우리 선조들이 위험에 맞서기 위해 반드시 필요했던 진화의 선물이지만, 오늘날 우리가 직면하는 여러 상황에도 적용 된다."

– 데이브 알레드, 『포텐셜』

세 살 정도 되는 아기가 길을 가다가 넘어졌다. 아기는 주변을 둘러보더니 시선을 위로 꽂았다. 엄마와 눈을 마주치게 되었고 엄마는 싱긋 웃었다. 아기도 함께 활짝 웃어 보이며 울지 않고 다시 일어섰다. 엄마 손을 꼭 잡고는 다시 걷기 시작하였다.

우리는 이렇게 넘어지면 다시 일어나게끔 설계되어 있다. 잘 생각을 해보자. 넘어졌을 때 우리는 본능적으로 일어난다.

넘어졌다고 해서 그 자리에 오래 머물거나 오히려 더 드러눕지 않는다.

넘어지고 일어나는 것은 인간의 본능이고 자연스러운 일이다. 그래서 실패를 두려워할 필요가 전혀 없다. 어차피 다시 일어나서 해낼 것이기 때문이다.

인내심과 끈기, 실패해도 불안해하지 않고 다시 도전할 수 있는 용기, 적당한 스트레스를 즐기는 자기 통제, 이런 것들이 모여서 영어 그릇을 만든다. 영어 그릇이 커지면 커질수록 그릇에 담길 영어의 양은 무궁무진하게 많아진다.

우리 아이가 길을 가다가 넘어졌을 때 그대로 주저앉아서 울기만 할 것인가, 아니면 아무렇지도 않게 툭툭 털고 일어나서 씩씩하게 가던 길을 걸어갈 것인가는 엄마가 취하는 태도에도 영향을 받는다. 우리 아이를 믿자. 다시 일어나서 갈 수 있는 힘을 믿고 기다려주자.

영어 자존감은
책임감이 키워준다

E는 해맑고 귀여운 아이였다. 아이들과 장난치는 것을 좋아했다. 하지만 영어 공부에는 흥미를 많이 느끼지 않았다. 내가 근무하던 영어 유치원에서는 크리스마스쯤에 모든 아이들과 학부모님들을 모시고 발표회를 열었다. 우리 반은 아기 돼지 삼 형제 연극을 준비하였다.

"Let's read this together to see what you want to do!"

대본을 보고는 E는 조그맣게 말했다.

"Oh, I want to do the wolf!"

나는 E의 혼잣말을 들었다.

"E. Do you want to be a wolf in this play?"

E는 처음에는 머뭇거렸다. 그리고 천천히 입을 뗐다.

"Yes, I want to be a wolf."

나는 E의 눈을 보고 웃으며 단호히 이야기했다.

"How nice! You can be a wonderful wolf! But just you know that you have to be responsible for this. It is a big thing!"

그리고 E에게 늑대 역을 맡겨주었다. 늑대 역할이 중요한 역할이라는 것을 E 스스로 누구보다 알고 있었던 것 같다. 책임감을 느끼며 E는 연극을 준비하는 두 달 동안 매우 진지한 자세로 임했다.

"선생님~ 우리 E가 요즘에 유치원 가는 게 너무 재밌대요. 숙제도 갑자기 혼자서 해보겠다고 막 하더라고요! 유치원에서 요즘 무슨 일 있나요?"

E의 엄마는 기쁨 반, 궁금함 반으로 물어보았다. 늑대 역할은 E에게 학습 태도에 긍정적인 효과를 불러일으켰다. E는 늑대 역할을 익살스럽고 재미있게 잘하였다. 아주 능청스럽게 정말 늑대인 것처럼 화를 냈다. 그러면 아이들은 배꼽이 빠져라 웃었다. 그러면서 E는 자신감이 붙었다.

E에게는 어렵게만 느껴지던 영어가 이제는 자신감을 불어 넣어주고 있었다. 하기 싫어하던 단어 공부도 조금씩 해나가기 시작했다. 연극 연습을 하던 두 달 동안 E의 영어 학습 효과도 함께 늘어났다. 이러한 영어에 대한 긍정적인 경험은 E에게 자신감뿐만 아니라 엄청난 성취감을 가져다주었다. 이러한 경험은 E에게 좋은 추억 그 이상으로 작용할 것이다.

아이들에게 역할을 주고 그에 따른 책임감을 설명해주는 것은 매우 중요하다. 대부분의 대치동 아이들은 공부를 열심히 해야 하는 것은 이미 매우 잘 알고 있다. 공부 환경에 일찍부터 놓여 있기 때문에 익숙하기도 하다. 아이들은 막연히 공부를 해야 한다는 것은 안다. 하지만 선생님이 시키니까 해야 하는 숙제와 아이들 스스로가 책임감을 가지고 하는 숙제의 질은 천지 차이이다.

P는 아직 공부 습관이 잡히지 않은 4학년 아이였다. 기본적으로 학습 능력은 좋아서 수업시간에 공부하는 내용을 빠르게 이해하였다. 하지만 단어가 부족하다 보니 점점 리딩에서 막히기 시작하였다. 그날도 P는 단어 공부를 열심히 해오지 않았다. 그리고 스스로도 매우 불편해했다. 일단 나는 P에게 이유를 물어보았다.

"P는 단어 공부 열심히 했어?"

"음… 아닌 것 같아요."

"그럼 왜 열심히 안 한 것 같아?"

"시간이 없었어요."

"그렇구나…. 시간이 없어도 단어 공부는 꼭 해야 해. 왜 시간이 없었는데?"

"수학 숙제도 해야 하고 국어 숙제도 해야 하고 바빴어요."

"그렇다면 수학 숙제도 했고 국어 숙제도 했는데 영어 단어만 볼 시간이 없었다는걸 단어들이 알면 속상하지 않을까?"

"… 에이 그런 게 어딨어요."

"단어를 외우는 것은 P와 선생님 사이의 약속이야. 약속을 지키는 것은 매우 중요하다는 것은 P도 잘 알고 있지?"

"네. 그쵸."

"이 단어들은 선생님이 P한테 맡긴 단어들이야. 그러니 이 단어들을 P는 많이 봐주고 이 단어들이랑 친하게 지내야 할 책임이 있어."

물론 이 한순간의 대화가 P를 마법처럼 바뀌게 하지는 않았다. 하지만 P는 점차 점차 변화된 모습을 보여주었다. 나와의 관계에서의 책임감을 느끼고 있었다. 점차 점차 최선을 다하는 모습을 보여주었고 두 달 정도 지났을 때에는 P에게 더 이상 단어 외우기는 무거운 짐이 아니게 되었다.

우리 아이들에게 책임감을 심어주는 또 다른 좋은 방법은 협동이다. 인간은 사회적 동물이다. 태어나서부터 지금까지 혼자서 해낸 것은 아무것도 없다. 혼자 갔던 길처럼 보여도 그 주변에 사람들이 반드시 있었다.

그 사람들을 도와주기도 하고 내가 도움을 받기도 하며 그 사람들과의 에너지가 어우러져서 오늘날의 나의 모습을 만들어낸다. 이러한 이유로 소속된 집단과 그 구성원들이 매우 중요하다. 긍정적인 집단에서 긍정적인 활동을 하면 우리는 긍정의 에너지 속에서 살아가게 되는 것이다.

그런 면에 있어서 학원이라는 장소는 아이들에게 배움을 극대화시키는 데 많은 영향을 주기도 한다. 특히 대치동 영어 학원은 각자의 영어 현 주소에 맞는 곳에서 배움을 할 수 있다. 그렇기 때문에 같은 나이에 서로 비슷비슷한 아이들끼리 모여서 내는 시너지는 엄청날 것이다.

나는 그룹 클래스 같은 경우는 협동 작업을 커리큘럼에 넣는다. 매번 협동 작업을 할 수는 없어도 꼭 필요한 부분은 협동 작업을 이용한다. 아이들마다 가진 재능과 흥미는 다르다. 구성원으로서 자신의 능력이 사용된다는 점은 우리 아이들의 성취감을 극대화시켜준다. 이것은 우리 아이들이 또래들과 함께 협력하여 나아간다는 것이 어떤 것인지 배워나가는 과정이다.

우리 아이들은 또래 아이들 사이에서 인정받고 싶은 욕구가 크다. 어린아이들이지만 그 안에서 나름의 사회생활이 있다. 그렇기 때문에 같은 나이의 친구들 안에서 만들어진 약속을 잘 지키고 싶어 한다. 이것이 협동 작업의 가장 큰 메리트이다.

06

영어는 좋아하면
잘하게 되어 있다

영어는 좋아하면 잘하게 되어 있다. 당연한 이야기이다. 우리가 사랑하는 사람을 떠올려보자. 사랑을 하면 그 사람과 더 같이 있고 싶고, 더 알아가고 싶고, 더 많은 시간과 정성을 쏟고 싶다. 온 신경이 그 사람에게 가게 된다. 물리적인 노력이 내가 사랑하는 대상에 쏟아지면 그에 따른 좋은 결과가 따라오는 것은 너무나 당연하다.

그러나 안타깝게도 모든 아이들이 영어에 흥미를 가지고 있는 것은 아니다. 우리가 싫어하는 대상을 떠올려보자. 사람일 수도 있고 아니면 해야 하는 어떤 업무일 수도 있다. 그것을 매일매일 앞으로 적어도 10년은 마주해야 한다고 한다면 거부감부터 드는 것은 당연할 것이다. 지루하고 재미없는 생각으로 가득 찰 것이다. 그리고 나중에는 하기 싫어서 그 대상을 마주해야 하는 시간은 괴로움에 가득 찰 것이다.

미국에서 공부를 할 때 대만에서 온 친구가 있었다. 그 친구는 한국 문화에 관심이 많았다. 지금처럼 한류 문화가 널리 퍼지기 전인데도 한국에 대해서 많이 알고 있었다. 나에게 언제나 한국에 관해서 물어보았다. 방학 때 한국을 다녀오면 한국에서 무슨 일이 일어나고 있는지 요즘은 어떤 노래와 드라마가 유행하는지에 대해서 묻곤 했다.

그러던 어느 날 그 친구는 나에게 자신이 중국어를 가르쳐줄 테니 자신에게 한국어를 가르쳐 달라고 제안했다. 흥미로운 제안이어서 알겠다고 했다. 그런데 나는 중국어에 별 흥미가 없었다. 별로 배우고 싶은 마음도 없었고 중국어는 나에게는 매력적으로 들리지 않았다. 결국에는 나는 중국어를 배우지 않게 되었다. 그리고 우리의 언어 교환 시간은 내가 그 친구에게 한국어를 가르쳐주는 시간으로 바뀌었다. 그 친구의 한국어 실력은 점점 늘어갔고 금세 기본적인 대화 소통을 할 수 있게 되었다.

이는 외국인들이 케이팝에 관심을 갖게 된 것이 결국은 언어의 흥미로 연결되는 것이랑 같은 이치이다. 그렇게 1년 정도 지났을 때 그 친구는 자막 없이 한국 드라마를 볼 수 있는 정도의 수준이 되어 있었다.

이렇게 흥미는 배움에 열정을 불러일으킨다. 나는 중국어를 배우는 것에 흥미가 없었으므로 동기 부여가 되지 않았다. 그리고 점점 중국어와는 멀어져갔다.

우리 아이들 영어 교육도 마찬가지이다. 현실적으로 모든 아이들이 영어에 높은 흥미가 있는 것이 아니다. 그렇다면 흥미를 유도할 수 있도록 다른 요소들과 융합을 시키는 방법도 좋다. 책을 좋아하는 아이들은 영어책을 도구로, 춤추고 노래하는 아이들은 영어 노래를 도구로, 그림을 좋아하는 아이들은 미술 활동을 도구로 접목을 시켜서 접근을 하는 것이 좋다. 첫 영어는 즐겁고 쉬우면 쉬울수록 좋다.

앞에서 이야기했던 E의 경우도 영어와 다른 요소를 융합해서 접근을 했을 때 영어에 대한 흥미도가 올라갔던 경우이다. E는 자신의 역할인 늑대뿐만 아니라 대본 전체를 외웠다. 그리고 그 외운 대본을 바탕으로 단어를 바꾸어가며 응용을 하였다.

"I will make this house huge."

어느 날 쿠킹 클래스 시간에 E는 신나서 이야기했다.

"I will make this ice cream delicious!"

원래 수업시간에 말을 많이 하지 않고 조용하던 E가 적극적으로 영어로 이야기하며 즐거워하는 것을 보니 대견스러웠다. 그리고 조금 후에 나는 E가 지금 구사하는 영어는 대본에서 기초되었다는 것을 깨달을 수 있었다. 그 표현들이 통으로 들어가버린 것이다.

대치동 영어 학원은 학원마다 추구하는 방향이 다르다. 그 방향은 우리 아이들을 가르치는 커리큘럼에도 잘 반영되어 있다. 4대 영역을 고루 중요시 여기는 학원, 토론과 협동을 하는 활동을 더 중요시 여기는 학원, 소설 읽기를 더 중요시 여기는 학원 등으로 다양하다. 그 외에 영어 미술, 영어 체육, 영어 코딩, 영어 뮤지컬도 생겨나고 있다.

그래서 만일 아이가 영어에 많은 흥미를 보이지 않고 학습형 영어 학원에 거부감을 느낀다면 영어와 아이가 흥미 있어 하는 활동으로 융합하여서 시작하는 것을 추천한다.

요즘처럼 새로운 언어를 배우기 좋은 시대가 없는 것 같다. 유튜브, 넷플릭스, 디즈니 플러스 등 수많은 영상 플랫폼을 이용할 수 있다. 영상 자료는 언어를 배우기에 아주 도움이 되는 자원이다. 하지만 이러한 영상은 초등학교 이후에 활용을 하는 것을 추천한다. 특히 영유아 시기 때 영상을 보는 것은 언어 발달에 도움이 되지 않기 때문이다.

"영상 매체는 뇌의 기능 중 종합 판단력을 주관하는 전두엽의 기능을 자극하지 않기 때문에 아이의 판단력과 분석력을 퇴화시킨다. 즉 영상 매체의 화면을 통해 들어오는 정보는 뇌의 시각피질로 전달된 후 종합 판단을 해야 할 전두엽을 통하지 않고 운동을 주관하는 뇌 영역으로 전송된다."

– 전성수,『최고의 공부법』

초등학생 시기는 본인의 자아 확립이 어느 정도 되어 있는 상태이다.

자신이 좋아하는 것이 무엇이고 싫어하는 것이 무엇인지를 확실하게 이야기를 한다. 그렇기 때문에 우리 아이들에게 좋아하는 것이 무엇이냐고 물어보고 그 관심사에 관련된 프로그램을 엄마와 함께 보는 것을 추천한다. 아이들 마다 성향의 차이는 있겠지만 대부분 혼자 보았을 때 효과가 그렇게 크지 않을 수가 있다. 왜냐하면 언어에 집중을 하는 것보다는 재미있는 콘텐츠를 즐기는 것에 그치기 때문이다. 그렇다면 어떻게 해야 할까?

K는 과학을 매우 좋아하는 친구였다. 나는 과학에 관련된 인터넷 사이트를 추천해주었다.

내셔널 지오그래픽 키즈 https://kids.nationalgeographic.com/
PBS 사이언스 https://pbskids.org/games/science
브레인팝 사이언스 https://www.brainpop.com/science/

위 세 인터넷 사이트는 미국 초등 아이들이 많이 이용하는 교육용 사이트이다. 여러 가지 활동과 워크시트를 통해서 관심 있는 영상을 보면서 학습적으로도 다가갈 수 있다. 이런 활동은 아이와 박물관을 함께 간다는 기분으로 엄마가 함께 즐기며 하는 것을 추천한다. 과학 용어는 처음에는 조금 생소하고 어려울 수 있음으로 한국말로 된 책으로 같이 병행하는 것도 좋은 방법이다. 아이가 모르는 단어를 적고 같이 찾아보면서 습득해나가는 것도 효과적이다. 엄마와 함께 팀을 이루어서 프로젝트를 한다는 느낌으로 즐겁게 하는 것을 추천한다.

이렇게 아이가 어느 정도 영어에 대한 긴장도가 떨어지고 친근하게 받아들일 때쯤 아이 학년에 맞게 해야 할 영어 학습도 같이 병행을 하는 것이 좋다. 그렇다면 영어에 대한 흥미도 떨어뜨리지 않으면서 영어 학습도 함께 할 수 있는 좋은 방안이 된다.

ENGLISH SECRET NOTE

3 장

영어 잘하는 아이들은
이것이 다르다

영어 잘하는 아이들은
모국어도 강하다

"Excuse me. No. Korean."

대부분의 영어 유치원과 100% 영어로 수업이 진행이 되는 학원들은
'no Korean policy(한국말을 쓰지 않기)'를 적용한다. 아이들에게 좀 더
강력한 방법으로 영어로 말하기 습관을 만들어주고자 하는 취지이다. 이
러한 방법은 아이들에 따라 좋은 방법일 수도 아닐 수도 있다.

"영어는 좋은 거고 한국어는 안 좋은 거야."

나는 깜짝 놀랐다. 그래서 물었다.

"어머, K야~ 영어는 좋은 거고 한국말은 안 좋은 거라니. 그런 거 아닌데…."

"아니에요. 영어는 좋은 거고 한국말은 안 좋은 거예요."

"혹시 누가 그렇게 설명을 해줬니?"

"아니요. 그건 아니지만 엄마도 제가 영어를 잘하면 좋아하고 선생님들도 맨날 영어로만 말하라고 하잖아요."

"영어가 더 좋은 거라서 영어로만 말하고 한국말은 안 좋은 거라서 한국말을 하지 말라고 하는 게 아니야. K는 영어를 더 잘하니, 한국말을 더 잘하니?"

"한국 사람이니까 한국말을 더 잘하죠."

"그렇지! 근데 지금 영어를 배우려고 하는 거지? K는 이제까지 한국말을 더 많이 사용한 것 같아 아니면 영어를 더 많이 사용한 것 같아?"

"… 한국말이요."

"그렇지. 한국말이랑 더 친하게 지내서 한국말을 더 잘하지. 이제 영어랑도 친해져보자는 뜻에서 영어를 많이 사용해보라는 거야. 절대로 영어는 더 좋고 한국말은 더 안 좋은 게 아니야. 영어도 한국어도 둘 다 좋은 언어란다."

"아…. 그런 거예요?"

"그럼!"

K는 초등학교 3학년 남자 아이였다. K의 엄마는 대치동에서 아이를 교육시키면서 소신을 가지고 영어 유치원을 보내지 않았다. 어떻게 보면 극성스러울 수 있는 이 대치동에서 K의 엄마는 본인의 교육철학에 중심을 잡았다. 경쟁적인 정글에 아이를 너무 어릴 때부터 내놓고 싶지 않았다. 하지만 아이의 학년이 올라가면서 점점 생각이 바뀌기 시작하였다. 대치동의 3학년 아이들의 영어 수준은 상당히 높다. 영어 유치원 2~3년 차 졸업 기준으로 초등학교 3학년이면 현지 미국 아이들 기준으로 5 학년 정도의 소설책을 읽는다. 국제학교 외국인 학교 아이들이 아니라 국내 초등학교를 다니는 아이들의 이야기이다.

이제 막 파닉스를 끝낸 K의 엄마는 조바심이 생기기 시작하였다. 자신의 선택이 K에게 영어를 잘할 수 있는 기회조차 주지 않았던 것은 아닌지 머릿속이 복잡해지기 시작하였다. 그러다 보니 아이에게 영어적인 부분을 강조하다 보니 K에게 혼란이 왔던 것 같다.

혹시라도 우리 아이가 영어를 배우는 시기를 놓친 것은 아닌가 하는 조바심이 든다면 걱정할 필요는 없다. 7세부터 13세까지 언어 발달이 가장 활발하게 이루어지는 시기이기 때문에 초등 시기를 제 2외국어를 배우기 좋은 골든타임이라고 한다. 하지만 모국어가 탄탄하게 발달이 되어 있다면 조금 늦은 감이 드는 나이에 시작을 하여도 우리 아이들은 빠르게 흡수한다. 그렇기 때문에 걱정할 필요가 없다.

A 역시 영어 유치원을 다니지 않은 초등학교 3학년 남자 아이였다. A의 엄마도 학습적인 환경에 너무 어려서부터 노출을 시키고 싶지 않았다. 그래서 일반 유치원을 보냈고 초등학교 1학년 때부터 영어 학원을 보내기 시작하였다. 그러던 도중 국제학교를 생각하게 되었다. 그러면서 나와 A의 수업이 시작되었다.

A는 모국어가 굉장히 탄탄한 아이였다. 게다가 영어로 말하는 것에 도전하는 데 거침이 없었다. 자신감도 있고 영어로 말하고자 하는 의지도 굉장히 강한 아이라 영어 실력이 빠르게 성장하였다. 그중에서도 가장 큰 역할을 한 것은 언어에 대한 전반적인 이해도였다. 높은 수준의 모국어가 제 2외국어를 배우는 데에 큰 도움을 준 것이다.

이렇게 제 2외국어를 배우는 데 있어서 모국어 능력은 기초가 된다. 모국어가 받쳐주지 않으면 제 2언어를 배우는 데도 한계가 있다. 그렇다면 도대체 왜 제 2언어를 배울 때 탄탄한 모국어 실력이 중요할까?

어릴수록 아이들이 제 2언어를 금방 배우는 것처럼 보인다. 그렇기 위해서는 모국어가 받침이 되어야 한다. 모국어 발달로 인한 탄탄한 인지 능력을 가지고 있는 아이들이 제 2언어를 더 빨리 배우곤 한다. 모국어를 배우면서 아이들은 인지 발달뿐만 아니라 감정의 발달도 같이 이루어진다. 언어는 상호작용을 통해 발달이 된다. 그러므로 모국어를 인지하면서 이루어지는 감정의 발달은 매우 중요한 역할을 한다.

영어 교육의 목적은 영어로 된 콘텐츠를 이해하는 데에 있다. 기계처럼 입력된 언어를 구사하는 것이 아니다. 그러므로 콘텐츠를 상황에 맞게 이해를 하는 능력은 인지, 감정, 공감, 사고 능력에서 나오게 된다. 그리고 이것들은 모국어를 통해서 발달이 된다. 이러한 이유로 나이가 어릴 때일수록 언어를 배울 때 상호작용이 중요한 것이다.

제 4차 산업의 시대의 흐름에 맞춰 나는 컴퓨터 툴 하나 정도는 배워

뒤야 한다고 생각하여 Adobe 프로그램 기초를 배웠다. 펜툴을 이용하는 법, 색칠하는 법, 이미지 크기를 늘렸다 줄였다 하는 법, 이미지를 움직이는 법까지 사용 프로그램을 배운 것이다. 하지만 프로그램은 그저 도구일 뿐이다. 내가 한 생각을 프로그램을 통해서 표현하는 방법은 배울 수 있어도 생각 자체의 아이디어는 배울 수가 없는 것이다. 이것은 나의 머릿속에 담긴 창의력과 사고력을 바탕으로 만들어지는 것이다.

우리 아이 영어 교육도 마찬가지이다. 영어는 도구이다. "꿈을 영어로 꾸게 될 정도가 되면 영어는 다 늘었다."라는 말이 있다. 나는 미국으로 유학 간 지 8개월 정도가 지났을 때쯤부터 꿈을 영어로 꿨던 것 같다. 늘 영어로 꾸는 것은 아니지만 꿈에 내용에 따라서 영어로도 꾸고 한국어로도 꿨다. 꿈의 언어는 무의식으로 하는 언어이다. 하지만 제2언어, 특히 영어권 나라가 아닌 곳에서 영어를 많이 쓸 기회는 많지 않다.

우리 아이들처럼 초등학생 시기에 사고력, 창의력, 공감 능력 발달이 같이 동반되는 경우라면 모국어 공부를 소홀히 해서는 안 될 것이다. 흔히 많은 엄마들이 영어 실력을 늘리기 위해서 한국어 사용에 대해 반기지 않는 경우가 있다. 그런데 이는 옳지 않다. 영어의 콘텐츠 이해와 자연스럽게 아이들이 영어를 받아들이는 과정에서 한국어가 필요하다면 영어 수업시간에도 한국말과 영어를 섞어서 병행하는 것을 추천한다. 그리고 국어 공부를 열심히 할수록 아이의 영어 잠재 실력은 늘어간다.

한 나라의 언어를 배우는 것은 그 나라의 문화를 습득하는 것과도 같다. 아이들에게 모국어의 자랑스러움을 가르쳐주면서 영어를 즐겁게 배울 수 있도록 하는 것이 중요하다. 문화는 우리의 뿌리이고 아이들이 단단한 정체성을 확립하는 데 아주 큰 역할을 하기 때문이다. 그리고 이는 아이들의 높은 자존감으로도 연결이 된다.

영어 잘하는 아이들은
자기 주도적이다

요즘 엄마들은 단순히 공부만 잘하는 아이들로 키우기보다는 아이들을 여러 방면에서 잘 키우고 싶은 열정이 크다. 점점 많은 엄마들이 아이의 심리 상태와 성향이 학업 성취도에 아주 밀접한 관련이 있다는 것을 깨닫고 있다. 그리고 아이들을 객관적으로 보려고 노력한다. 그것은 수많은 육아서, 공부법, 그리고 채널A 〈금쪽같은 내 새끼〉 등의 프로그램이 관심을 받는 이유일 것이다. 하지만 이 과정에서 엄마가 섣불리 아이의 한계를 정하거나 너무 과대평가하는 경우도 적지 않다. 이렇게 아이를 잘못된 안경을 끼고 보면 엄마의 불안도가 커진다. 그 불안은 아이에게는 스트레스로 작용할 수밖에 없다. 그러므로 아이를 있는 그대로 인지하고 받아들여주며 인정해주는 것이 중요하다.

배움에 있어서 자기 주도적 학습은 매우 중요하다. 학습이 자기 주도적이지 않게 된다면 수동적 학습이 되어버린다. 시켜서 억지로 하는 아이와 배움을 스스로 하는 아이의 학습 효과는 다를 것이다. 너무나 당연한 이야기이다. 자기 주도적 학습의 중요성은 익히 들어 잘 알고 있다. 그렇다면 어떻게 자기 주도적 학습을 하도록 우리 아이들을 이끌어줘야 할까?

- 말을 하는 것을 좋아하는 아이
- 움직이는 것을 좋아하는 활동적인 아이
- 그림을 그리는 것을 좋아하는 예술적인 아이
- 역사나 과학을 좋아하는 탐구형 아이
- 노래하는 것을 좋아하고 춤추는 것을 좋아하는 무대 위의 아이

모든 정답은 우리 아이들 안에 있다. 우리 아이는 어떤 것에 흥미가 있는가? 배움의 흥미와 자기 주도적 학습은 깊은 연관성을 띠고 있다. 아

이가 하고 싶어 하는 것만 시키거나 아이가 원하는 대로 요구를 다 들어 줘야 한다는 이야기가 절대로 아니다. 아이의 배움에 흥미를 양념처럼 쳤을 때 자기 주도적 효과는 극대화된다.

아이와도 썸을 타듯 밀당을 잘해야 한다. 무조건적으로 아이가 원하는 것을 다 들어주었을 경우에 아이와의 관계에서 주도권을 빼앗긴다. 아이보다 공부가 우선시 되어서는 안 된다. 공부가 절대적 우상이 되었을 경우 결국 아이도 엄마도 모두 주도적인 학습과는 멀어질 것이다.

많은 아이들을 만나고 가르쳤지만 모든 아이들은 영어를 잘할 수 있는 잠재력을 이미 가지고 태어났다. 영어는 그저 영어권 사람들이 모국어로 사용을 하는 언어에 불과하다. 그러나 우리는 왜 영어에 고민이 많을까?

대체로 한국 사람들은 기준이 높다. 이런 높은 기준은 짧은 시간 내에 엄청난 경제 성장을 이루는 것을 가능하게 했다. 하지만 공부는 엄마가 아니라 우리 아이가 한다는 것을 잊지 말아야 한다. 공부 설계는 엄마가 하지만 실행을 하는 것은 아이이다. 그러므로 아이의 속도에 맞춰 아이에게 운전대를 맡겨주어야 한다.

이는 마치 초보 운전인 친구에게 경력이 많은 운전자를 대하듯 안내하는 것과 같다. 오랜 경력으로 운전을 하는 운전자에게는 많은 것들이 보이지만, 미숙한 초보 운전자에게는 안 보이는 것 투성이다.

답답하다고 옆에서 잔소리를 하거나 일일이 모든 것을 다 이야기해준다면 초보 운전자인 친구는 스스로 배울 수 있는 기회를 잃게 된다. 그리고 스스로 운전대를 잡는 것이 두려워질 것이다. 그렇다면 운전에 흥미를 잃게 되고 결국 운전과는 영영 친해질 기회가 없다.

엄마는 영어와 아이 중간에 있어야 한다. 철저히 중립을 지켜야 한다. 영어 편에 서도 안 되고 아이 편에만 서도 안 된다. 엄마는 그저 아이에게 영어라는 친구를 소개시켜줬을 뿐이다. 영어와 관계를 맺는 주도적인 인물은 아이가 되어야 한다.

그렇다고 아이와 영어와의 관계에서 방관자가 되면 안 된다. 방관과 자유를 착각해서는 안 될 것이다. 자유에는 책임이 반드시 따라온다. 예를 들어 아이가 친구와 싸웠다고 해보자. 현명한 엄마는 무조건 아이 편을 들지도 친구 편을 들지도 않는다.

"엄마. 나 오늘 친구랑 싸웠어."

"그래? 무슨 일이 있었는데?"

"아니, 걔가 계속 내 색연필을 쓰잖아. 그래서 내가 쓰지 말라고 소리쳤어."

"아. 그랬어? 그래서 그 친구는 뭐라고 했어?"

"걔도 같이 소리 쳤어. 그리고 우린 싸웠어. 난 걔가 너무 싫어!"

"그랬구나. 아끼는 색연필을 친구가 계속 써서 많이 속상했겠다. 하지만 갑자기 소리 쳤을 때 친구도 놀랐겠다. 만약에 다른 사람이 갑자기 소리 지르면 어떤 기분이 들어?"

"기분 나빠."

"그럼 친구 기분은 어땠을까?"

"기분 나빴을 거 같아."

"우리 그 부분은 내일 친구한테 사과하자. 그럴 수 있을까?"

"…."

"엄마가 우리 아이 속상했던 것 잘 알지. 그래도 친구한테 소리 지르면 안 돼. 그 부분은 꼭 사과를 하고 넘어가는 거야. 알겠지?"

"응."

이처럼 엄마는 우리 아이가 친구와 싸웠을 때 먼저 중립적인 태도로 상황을 들어준다. 그다음에 공감을 먼저 해주고 잘못된 것을 아이에게 단호히 가르쳐주어야 한다.

이러한 상황은 우리 아이가 영어를 친구로 받아들일 때도 똑같이 적용된다. 우리 아이가 내 맘처럼 영어 학원 가서 열심히 발표도 하고 단어도 잘 외우고 이 책에서 이야기하는 것처럼 자기 주도적으로 영어를 한다면 얼마나 좋을까? 모든 아이들에게는 영어를 잘할 수 있는 잠재력이 있으나 그것을 펼치는 과정은 매일매일 이렇지는 않을 것이다. 아이에게는 분명히 이유가 있다. 만약 아이가 게임을 하느라 영어 숙제를 못했다면 아이는 게임을 자기 주도적으로 하느라 수동적으로 해야 하는 영어에 신경을 못 쓴 것이다. 그렇다면 이 개념의 위치를 바꿀 필요가 있다. 게임을 좋아하는 아이에게 어떻게 하면 영어를 주도적으로 시킬 수가 있을까?

처음에는 영어를 게임으로 접근을 하여야 한다.

"영어 공부하면 게임시켜줄게."라는 보상식의 협의를 말하는 것이 절대로 아니다.

빙고 같은 영어 놀이 게임으로 접근을 해도 좋고 Scribble이라는 보드 게임을 하며 영어와의 친밀도를 쌓는 게 먼저다.

"그런데 선생님. 우리 애는 6학년인데요. 게임으로 접근하기에는 이미 나이가 많아요. 옆집 애는 벌써 토플하고 있는데….”

옆집 애가 무엇을 하던 우리는 우리 아이와 영어가 친해지는 데에만 집중을 해야 할 것이다. 처음에 관계 형성을 할 때만 잠시 아이의 흥미를 영어 교육하는 데 빌려 쓰자는 것이다. 아이가 자신감이 붙고 내적 동기 부여가 생성되고 나면 더 이상 그렇게 할 필요가 없다. 결국 자기 주도적 학습은 흥미와 내적 동기 부여에서 나온다. 아이가 흥미가 있고 재미있고 하고 싶으면 많은 시간을 쏟아도 힘들지 않다. 물리적으로 많은 시간을 영어에 쏟게 되면 당연히 영어 실력은 올라갈 것이다.

03

영어 잘하는 아이들은
잘 따라 한다

"I'm living alone!

Did you hear me?

I'm living alone!

I'm living alone!"

1990년대에 이미 나 혼자 살겠다며 집이 떠나가게 소리치던 금발 머리 소년. 난 이 소년에게 첫눈에 반했다. 금발 머리에 파란 눈동자, 개구지게 귀여운 얼굴까지. 너무나 유명한 영화 〈나 홀로 집에〉의 케빈이다.

영어 공부에 관심이 많던 엄마의 영향으로 우리 집에는 영어로 된 비디오테이프가 많았다. 어릴 적부터 디즈니 만화영화나 〈세사미 스트리트〉를 동생과 보았다. 나는 여섯 살 정도였고 네 살 어린 동생은 두 살이었다.

"Grape!"

"Cucumber!"

"I want to have some grapes and cucumbers. They are yummy and delicious!"

두 살인 동생은 〈세사미 스트리트〉를 보며 들리는 대로 따라 했다. 미국에서 살다 왔냐고 물어볼 정도로 발음도 좋았다. 보는 대로 쭉쭉 흡수를 하던 동생과는 달리 이미 여섯 살이었던 나는 영어로 된 비디오를 보는 것에 크게 흥미를 느끼지 못하였다. 〈세사미 스트리트〉 같은 유아용 콘텐츠는 나에게 유치한 느낌이 들었다.

디즈니 만화영화는 대사를 확실히 알아듣지 못하기 때문에 나에게는 재미보다는 답답함이 컸다. 나에게는 알아들을 수 없는 디즈니 만화영화들보다 〈아기공룡 둘리〉, 〈피구왕 통키〉가 더 재미있었다.

여섯 살 정도 되면 스토리텔링을 이해하고 즐길 수 있을 정도의 언어 발달이 이미 이루어졌다. 그렇기 때문에 영유아기 때의 그림 중심의 콘텐츠보다 캐릭터들이 상황을 끌고 가는 내용 이해에 더 흥미를 느낀다. 그렇기 때문에 친숙하지 않은 언어에는 흥미를 못 느낄 수 있다. 내용을 이해하는 데에 방해가 되기 때문이다. 내 경우가 그랬다.

"한국 사람은 한국말을 잘해야 해요!"라고 어느덧 나는 엄마에게 영어 비디오 보이콧 선언을 했다. 그렇게 몇 년이 흘렀다. 내가 초등학교 2학년 때의 일이었다. 나는 가족과 함께 TV에서 크리스마스 특선영화 〈나홀로 집에〉를 보았다. TV 영화를 보는 내내 나는 눈을 뗄 수가 없었다. 내가 처음 보는 세상이었기 때문이다. 아마 이 영화가 내가 처음 본 할리우드 영화일 것이다. 만화영화와는 또 다른 매력이 있었다.

아파트와는 다른 커다란 3층 집, 동화 속 세상처럼 눈이 많이 와서 온 세상이 하얗게 변해버린 곳, 여러 가지로 흥미로웠다. 영화 내용도 재미있었을 뿐 아니라 케빈도 너무 귀여워서 케빈을 생각하면 내 심장은 두

근거렸다. TV에서 방영을 해주던 〈나 홀로 집에〉는 한국말 더빙이었던 것으로 기억한다.

나는 엄마에게 영화 비디오를 사달라고 했다. 엄마는 더빙이 아닌 영어로 된 버전을 사주셨다. 그리고 나는 그 비디오를 매일 봤다. 내용을 정확하게 알고 보니 영어로 된 비디오를 봐도 답답함이 덜했다.

나중에는 좀 더 자세히 대사를 알기 위해 캡션을 틀어서도 보고 그냥도 보고 비디오가 늘어지게 봤다. 영화 대사를 거의 외울 지경으로 봤다.

"엄마, 우리 이사 가자."

"이사…? 어디로 가고 싶은데?"

"케빈은 어디 살아?"

"케빈은 미국 사람이니까 미국에 살지."

"그럼 우리도 미국으로 이사 가면 안 돼? 케빈을 만나는 게 내 소원이야."

엄마는 웃었다.

"그러려면 영어 공부 열심히 해야겠다. 케빈은 영어로 말하잖아. 근데 지금 당장은 이사는 못 가. 아빠가 일도 해야 되고, 너도 학교 다녀야 되잖아. 근데 영어 공부 열심히 하면 나중에라도 케빈을 만났을 때 많은 이야기를 할 수 있겠네."

"… 치…. 지금 당장 가고 싶은데."

엄마는 또 웃었다.

이렇게 나에게는 영어 공부를 열심히 해야 한다는 확실한 동기 부여가 생겼다. 〈나 홀로 집에〉 비디오를 보면 볼수록 점점 영어가 들리기 시작했다.

그리고 상대적으로 발음이 더 정확한 디즈니 만화 영화들은 조금 더 잘 들리기 시작했다. 점점 학년이 높아지고 케빈에 흥미가 떨어졌을 때 즈음에는 어릴 적만큼 하루 종일 영어 비디오를 보지는 않았다. 하지만 케빈을 만나겠다는 의지 하나로 열심히 영어에 쏟아부었던 어린 시절의 귀여운 노력은 나중에 내가 미국 유학을 갔을 때의 자양분이 되었다.

언어는 듣고 들은 것을 따라 하며 습득을 한다. 듣고 따라 하는 것만큼 중요한 것이 콘텐츠의 이해이다. 들은 것의 콘텐츠를 이해를 하고 그 상황에 맞게 사용을 하는 것이 언어를 배우는 올바른 방법이다.

"Thank you!"라고 했을 때 "You're welcome!"이라고 하는 상황 이해가 안 된 상태에서 무조건 듣고 따라 하기는 의미가 없다는 것이다. "You're welcome."을 언제 어디에서 써야 하는지 내용의 콘텐츠 이해가 동반되어야 한다.

나이가 어린 영유아기 아이들은 들리는 대로 따라 한다. 어린아이들이 보는 콘텐츠는 상대적으로 단순하고 반복이 많다. 그래서 영유아기의 사고력과 이해력으로 콘텐츠를 이해하는 데 무리가 없다.

하지만 옆에서 엄마가 같이 따라 하며 아이와 함께 상호작용을 하면 훨씬 더 효과는 극대화된다.

초등 학년부터는 아이들이 더 복잡한 상황을 이해할 수 있는 상황 판단 능력이 생긴다. 그림에 의존하지 않고 대사를 들으며 상황을 이해하고 싶어 한다. 그렇기 때문에 대사가 잘 들리지 않으면 답답함을 느낀다.

마치 어릴 적의 나처럼 말이다.

　그럴 경우에는 너무 복잡하지 않고 쉽게 따라 할 수 있는 콘텐츠부터 접근을 하는 것이 좋다. 아이가 흥미가 있는 분야면 더욱 좋다. 흥미가 있으면 아이가 재미를 느끼며 스스로 몰두를 할 수 있는 좋은 동기 부여가 되기 때문이다.

영어 잘하는 아이들은
사교성이 좋다

"B, Can you please tell me what you would do if you were Robin in this story?"

"…"

"It's okay. Take your time."

"… I would build a boat."

오랜 침묵을 깨고 B는 입을 열었다.

"That's a great idea. Why would you want to build a boat?"

"········ That's because Robin wants to help the animals."

B는 조용한 아이였다. 수업 시간에도 자신의 할 일을 조용히 묵묵히 하는 아이였다.

"우리 아이는 말이 별로 없어요. 조용합니다. 수다스러운 아이가 영어를 더 잘하나요? 아이가 쉽게 입을 떼지 않아서 답답하기도 하고 걱정스럽기도 합니다."

B의 엄마는 B의 조용한 성격이 영어를 배우는 데 걸림돌이 되지는 않을지 걱정을 하였다. 말을 하는 것을 좋아하고 수다스러운 아이들이 새로운 언어로 말하는 것에 있어서 더 많은 기회가 열려 있는 것은 사실이다. 말을 한 번이라도 더 많이 해보고 시도해보는 아이들이 한 번이라도 영어로 더 말을 해보기 때문이다.

하지만 꼭 말을 많이 하고 말하는 것을 좋아하는 아이가 아니더라도 영어 실력은 늘 수 있다. 주변에 조용하고 수다스럽지 않은 지인을 한번 떠올려보자. 그들이 조용하다고 해서 언어 능력이 떨어지는 것은 결코 아니다. 이는 영어 교육에도 똑같이 적용을 한다.

B는 매우 신중한 성격의 아이였다. 실수를 하는 것을 싫어했고 꼼꼼한 성격이기 때문에 거침없이 말을 하지 않았다. 생각을 먼저 정리하고 그 다음에 그 생각을 표현했다. 그렇기 때문에 다른 아이들보다 반응 속도가 조금 느렸다. 하지만 B의 대답은 깊고 통찰력이 있었다. B가 단지 질문을 했을 때 바로 답을 하지 않는다고 해서 B가 사교성이 없거나 영어를 못하는 조건이라고 생각을 하는 것은 위험하다.

언어는 우리가 뇌에서 생각하고 느끼는 것을 말로 표현해주는 도구이다. 언어는 쓰면 쓸수록 발달이 된다. 언어 능력을 어떻게 쓰고 표현을 하는지는 아이들마다 다르다.

　－ 그림을 그리는 것을 좋아하는 아이
　－ 말을 하는 것을 좋아하는 아이
　－ 몸을 움직이는 것을 좋아하는 아이
　－ 글을 쓰는 것을 좋아하는 아이

- 책을 읽는 것을 좋아하는 아이
- 듣는 것을 좋아하는 아이

이와 같이 아이들의 유형은 다양하다. B는 생각을 말로 표현하는 것보다 글로 표현하는 것을 더 편해하고 좋아했다. 그래서 영어로 글을 쓰는 속도는 상당히 빨랐다. 어떤 주제가 주어지든 생각을 자유롭고 다채롭게 글로 표현을 하였다.

우리는 흔히 수다스럽고 말을 많이 하는 아이들을 사교적인 아이들이라고 생각을 한다. 하지만 사교성이 있는 아이들은 활달하고 말을 많이 하는 것만이 아니다. 사교적인 아이란 다른 사람과의 관계를 잘 맺고 사회 속에서 일어나는 상황을 통찰력 있게 이해하는 아이들이 사교적인 아이다.

예를 들어 수다스럽고 말을 많이 하며 활달하지만 이기적인 아이를 사교성이 좋다고 이야기할 수는 없을 것이다. 반대로 조용하고 얌전하지만 배려심 깊고 다른 사람들 잘 도울 수 있는 마음을 가진 아이는 사교성이 좋은 아이이다.

그렇다면 이러한 부분이 영어를 배우는 데 있어서 어떤 작용을 할까? 제 2언어를 습득하는 가장 빠른 길은 언어와 친한 친구가 되는 것이다. 우리 아이들은 영어와 친밀한 관계를 맺는 과정을 겪어야 한다. 그래야 영어와 친해질 수 있다. 그러면 자연스럽게 영어 실력은 늘게 될 것이다.

과거 학창 시절을 떠올려보자. 특정 과목이 너무 좋아서 혹은 그 과목 선생님과의 좋은 관계를 쌓기 위해 공부를 열심히 한 적이 있는 것과 같은 이치이다. 우리 아이가 영어에 낯을 가리고 있다면 엄마나 선생님이 중간 매개체가 될 수 있다. 엄마와 선생님의 적당한 개입은 우리 아이와 영어가 친해지는 데 도움이 되지만 그것이 지나친 간섭이 되면 오히려 아이가 부담감을 느껴 거부감이 강해질 수 있으므로 밸런스 조절을 잘해야 할 것이다.

미국에서 공부를 할 때의 일이다. 첫 학기에 아프리카 문화에 관해서 배웠다. 나는 처음에는 세계 문화(world cultures) 과목에 흥미를 느끼지 못했다. 나에게 아프리카 문화란 너무 멀게 느껴졌다. 첫 시험을 보았고 결과는 좋지 않았다. 걱정스러운 마음에 나는 선생님을 찾아갔다. 선생님은 선뜻 나를 도와주겠다고 하셨다. 그러면서 매주 토요일 아침 오전에 나와 미팅 약속을 잡으셨다. 그렇게 선생님과 나의 1:1 수업은 시작되었다. 대한민국이란 나라에 대해서도 따로 조사하시며 내가 좀 더 쉽게 이해를 하도록 설명을 잘해주셨다. 정말 큰 감동이었다. 나는 이 과목을 나의 개인적인 취향과는 관계없이 잘해야만 했다. 선생님에게 보답하고 싶었다. 그래서 열심히 했다. 나는 점점 그 과목에 흥미를 느끼기 시작하였고 나중에는 선생님의 도움 없이도 좋은 성적으로 마무리를 지을 수 있었다.

이처럼 배움의 사교성이란 배우고자 하는 마음을 여는 것이다. 아이에 따라서 결과가 빨리 나올 수도 조금 천천히 나올 수도 있다. 이 부분에 있어서 엄마들은 중심을 잘 잡아야 한다. 또 아이마다 말하기가 조금 더 강할 수도 있고 쓰기나 읽기에 강점을 보일 수도 있다. 영어로 말하기가 먼저 발달이 되면서 그것이 쓰기로 옮겨갈 수도 있고 그 반대일 수도 있다. 그러니 우리 아이가 당장 영어로 유창하게 말을 하지 않는다고 너무 불안해할 필요는 전혀 없다.

아이가 영어를 배우고자 하는 마음과 영어라는 친구와의 좋은 관계를 유지하고자 하는 의지만 있다면 4대 영역(듣기, 말하기, 쓰기, 읽기) 중

어떤 부분이 먼저 부각이 되어 발달이 되는 것은 그 아이의 강점이 먼저 강해지는 것이기 때문이다. 조금 더 시간을 두고 여유 있게 지켜본다면 4대 영역 발달이 두루 이루어질 것이다. 하지만 여기서 꼭 기억을 할 점은 상대적으로 아이가 자신 없어 하는 부분에 꾸준히 엄마와 선생님이 동기 부여를 해줘야 한다. 단 부담감보다는 아이에게 자신감과 책임감을 통해 성장할 수 있도록 도와주는 것이 영어 교육을 극대화시킬 것이다.

영어 잘하는 아이들은
창의적이다

"나는 특별한 재능을 가지고 있지 않다. 나는 오직 열정적인 호기심이
있을 뿐이다."

— 아인슈타인

　사고력, 논리력, 창의력은 배움에 있어서 중요한 요소이다. 창의력은
예술가와 과학자들에게 요구되는 부분 같았다. 에디슨, 빌 게이츠, 스티
브 잡스, 아인슈타인, 피카소, 모차르트, 베토벤, 디즈니. 모두들 위대한
창의력의 대명사이다. 하지만 우리 아이들이 살아야 할 시대는 모두가

예술가고 창조자이다.

단순 암기력만을 요구하던 30년 전의 교육 방식과는 달리 서로의 생각을 공유하고 토론한다. 또한 자신의 생각을 눈으로 보이는 결과물로 창조해내는 기회를 우리 아이들은 매일 접하고 있다. 파워포인트를 통한 PPT 작업, 스크래치 프로그램을 통하여 게임을 만들기, 자신의 생각을 바탕으로 글을 쓰는 것 등 모두가 창의력을 바탕으로 하는 창조적인 힘이다.

밤의 어둠을 밝혀주는 전구를 발명한 에디슨의 일화는 유명하다. 어릴 적부터 사고가 남달랐고 그 사고는 기이한 행동으로 나타나곤 했다. 닭장의 닭을 꺼내와서 병아리가 깨어날 때까지 알을 품었던 일화는 비상식적으로 보일 수도 있다. 하지만 창의적인 시선에서 보면 굉장히 당연한 것이고 자기 주도적인 태도를 에디슨을 보였다.

"닭이 알을 품으니 알에서 병아리가 나오네. 그럼 내가 품어도 병아리가 나올까? 만약 나오지 않는다면 어떤 것이 알을 부화하게 만드는 것일까? 인간이 품었을 때와 닭이 알을 품었을 때의 차이는 뭘까?"

이렇게 질문의 꼬리는 꼬리를 물게 된다. 그 질문의 끝을 따라가게 되면 해답을 찾게 된다. 에디슨의 어머니는 에디슨의 이런 창의적인 생각을 눈여겨보았다. 그리고 질문으로의 여행에 동행을 하였다. 만일 에디슨 어머니가 "쓸데없는데 신경 쓰지 말고 가서 숙제하고 공부나 해!"라고 했다면 우리는 아직도 어두운 밤을 맞이하고 있을지도 모른다.

창의력과 영어 교육. 이 둘의 상관관계는 과연 어떤 것일까? 우리가 다른 사람의 마음을 얻기 위해서는 첫 번째로 그 사람에 대하여 궁금해야 한다. 그리고 그 사람을 잘 관찰하며 물리적인 시간과 노력을 쏟아야 한다. 그리고 그 사람과 친해지는 노하우를 쌓아야 한다. 함께 식사도 하고 영화도 보고 그 사람의 관심사도 파악하면서 그 사람의 마음을 얻는 나만의 방법을 찾아내야 한다. 마치 대항해 시대의 탐험가처럼 용기 있게 질주해야 한다.

우리 아이들이 영어를 익히기 위해 가져야 하는 태도도 이와 같다. 엄마가 할 수 있는 최선은 영어를 할 수 있는 환경을 만들어주는 것이다. 그다음은 우리 아이 스스로 개척해야 한다. 영어 환경에서 영어를 내 것으로 만들기까지의 작업은 온전히 우리 아이들의 몫이다. 말을 물가에는 끌고 갈 수 있어도 결국 물을 삼키는 것은 말이 주도적으로 해야 하는 것과 같다. 이 과정에서 아이들이 포기하지 않고 끝까지 해내는 힘은 내적 동기에서 나온다. 그 내적 동기는 호기심, 즉 창의적인 생각이 뿌리가 된다. 창의적인 생각이 호기심을 만들고, 결국 이는 흥미로 이어진다.

우리 아이들이 흥미를 갖게 하려면 아이들에게 탐구하고 생각할 수 있는 충분한 시간을 주어야 한다. 그리고 새로운 것을 시도할 기회를 허락해야 한다. A는 내가 샘플 라이팅을 주면 항상 이렇게 질문하였다.

"선생님, 이거 조금 바꿔서 써봐도 되요?"

마치 워드 플레이(word play)를 하듯 여러 단어를 시도하여 써보았다.

"I need to catch up what I have missed because I was sick yesterday."

이렇게 정리를 해주면 A는 이런 식으로 스스로 써보고 나에게 질문을 던졌다.

"I did not feel very well. So I missed the class and there are lots of work to do for me."

"I had to miss my class because I was sick. I feel worried about the work that I have to finish. I have more work because I am behind."

같은 뜻을 본인이 편한 단어를 사용하여 완벽하기 숙지를 한 것이었다. 이것이 바로 영어 창의력이다.

우리가 2시간 동안 마라톤을 뛰었다고 가정해보자. 너무 목마르고 힘든데 물을 발견했다고 했을 때 사람들마다 나오는 반응이 다를 것이다

"오! 물."

"아… 잘됐다. 너무 목말랐는데….""

"물 빨리 마시고 목 좀 시원하게 해야겠다."

언어에는 정답이 없다. 표현할 수 있는 방법은 무궁무진하다. 여러 표현을 시도해보고 즐기며 창의적인 관계를 영어랑 맺는 아이들의 영어 습득은 효과적으로 이루어질 것이다. 대치동 아이들은 주로 이와 같은 훈

련을 많은 책을 읽으며 토론 수업을 하고 많은 글들을 직접 써보며 습득을 한다.

에디슨은 전구를 발명할 때까지 25,000번이 넘는 실패를 하였다고 한다. 전구에 불빛을 내려면 필라멘트라는 것을 만들어야 한다. 가장 밝은 빛을 낼 수 있는 필라멘트 재료를 찾기 위해 에디슨은 25,000번을 넘게 시도한 것이다. 오랜 노력과 시도 끝에 에디슨은 대나무로 만든 필라멘트를 사용하면 밝은 불빛을 낼 수 있다는 것을 발견했다. 그리고 에디슨은 한 인터뷰에서 이와 같이 말했다.

"나는 단 한 번의 실패도 한 적이 없습니다. 단지 불이 밝게 빛나지 않은 25,000개의 경우를 발견한 것뿐입니다."

우리 아이들은 영어를 배워나가는 것뿐 아니라 앞으로 공부를 해가면서 수많은 좌절의 순간을 경험하게 될 것이다. 단어가 잘 안 외워지는 날이 있을 것이고, 문단이 이해가 안 되는 날도 있을 것이다. 이러한 좌절의 순간을 버티고 이기게 하는 것은 흥미와 내적 동기이다. 흥미는 창의력에서 나온다. 내가 내 것을 만들어내는 창조의 기쁨. 우리는 매일매일

말을 하며 창조적인 활동을 한다. 매 순간의 느낌과 감각을 나만의 언어로 창의적으로 표현을 한다. 우리 아이들도 영어를 단순 습득이 아니라 창조적인 활동으로 접근한다면 영어를 더욱더 재미있게 배울 수 있을 것이다.

영어 잘하는 아이들은
성취를 즐긴다

앞으로 나아가고자 하는 것은 인간의 자연성이다. 우리는 앞으로 걷는다. 시간도 앞을 향해 흐른다. 더욱더 앞으로 나아가고자 하는 인간의 소망이 오늘날의 세상을 만들었다. 만약 인간에게 성취하고자 하는 본능이 없었다면 우리는 아직도 원시적인 삶을 살고 있을 것이다. 발전하고 싶고, 이기고 싶고, 더 편리하고 좋은 세상을 만들고자 많은 역사 속의 위인들은 노력해왔다.

인간의 본능은 아기들을 보면 잘 알 수 있다. 아직 말을 못하는 아기들에게 부드러운 목소리로 잘했다고 칭찬해주며 크게 웃어 보이면 아기들은 방긋 함박웃음으로 답을 한다. 반대로 인상을 쓰면서 큰소리로 화를 내며 잘했다고 이야기를 하면 아기들은 울음을 터뜨린다.

같은 메시지를 전달해도 아기는 다른 반응을 보인다. 아직 언어 습득을 하지 않은 아기는 텍스트보다는 분위기와 표현 방법으로 상황을 파악하기 때문이다. 이와 같이 우리는 비언어적으로 상황을 이해하는 방법을 먼저 습득한다. 그래서 상황에 맞는 진심이 느껴지지 않고 공감이 되지 않는다면 살아 있는 메시지를 전달할 수가 없다. 이런 전체적인 상황을 이해하는데 영유아기 때의 상호작용이 중요한 역할을 한다. 이 시기부터 발달되는 사고력, 창의력, 공감력은 우리 아이의 성격 발달에 밑거름이 된다.

우리는 성장을 하며 수없이 실패를 하고 성취를 한다. 우리 아이들이 옹알이를 하던 시절을 떠올려보자. 우리 아이가 "엄마"라는 이 한 단어를 말하기 위해 얼마나 많은 옹알이를 했었는지 기억해보자. 우리 아이가 걸어다니기 위해서 얼마나 많이 넘어지고 다시 일어나서 걸음마를 시도해보았는지도 생각해보자. 한 번에 마법처럼 이루어지는 성취는 없다.

실패는 습득하는 과정에서 없어서는 안 되는 중요한 과정이다. 하지만 많은 사람들은 내 아이는 실패 없이 성취만 하기를 원한다. 이러한 압박과 비현실적인 기대가 아이들의 스트레스 지수를 올리고 있다는 것을 간과한 채 말이다.

스트레스에는 긍정적인 스트레스(eustress)와 부정적인 스트레스(distress)가 있다. 우리는 스트레스를 부정적인 의미(distress)로 사용한다. 긍정적인 스트레스는 우리 아이들에게 승부욕과 내적 동기 부여를 자극한다. 부정적인 스트레스는 압박감을 느끼기에서 걱정, 불안의 요소의 원인이 된다.

한 번의 실패도 용납하지 않는 엄마의 비현실적인 기대는 아이들에게 부정적인 스트레스를 주게 된다. 반대로 아이들이 내적 동기를 느끼고 성취를 즐기며 갖는 긍정적인 스트레스는 아이가 성장하는 데 자양분이 된다.

"선생님, 저 퀴즈 점수 얼마 받았어요?"

"저 몇 점이에요?"

"점수 알려주세요!"

아이들이 퀴즈를 보고 점수에 관해 궁금해하는 것을 나는 처음에는 걱정 어린 시선으로 보았다. 나이 어린 초등학교 아이들이 너무 점수에 관하여 신경 쓰는 것은 아닐지 걱정이 되었다. 하지만 얼마 지나지 않아 이러한 나의 생각은 괜한 걱정이었다는 것을 알게 되었다. 아이들은 정말로 순수하게 자신의 퀴즈 결과가 궁금했던 것이다.

아이에게 긍정적인 스트레스를 줄 것인지 부정적인 스트레스를 줄 것인지는 결과를 본 엄마의 반응이다. 내가 오랫동안 아이들과 수업을 하며 지켜본 결과 우리 아이들이 제일 인정을 받고 싶은 대상은 엄마이다. 엄마의 진심 어린 칭찬은 아이의 인생을 바꿀 수도 있을 정도로 중요하다. 하지만 엄마들은 우리 아이가 조금 더 완벽하고 조금 더 잘했으면 좋겠다는 생각을 늘 가지고 있다. 그렇기 때문에 걱정의 말들을 더 많이 하게 된다. 걱정의 말, 칭찬의 말, 훈육의 말의 균형을 잘 맞추는 것이 엄마들이 가장 중요하게 해야 할 일이다.

예전에 같이 일하던 동료 선생님은 이런 전화를 받은 적이 있었다.

"선생님. 저 정말 속상해요. 아무리 아이가 틀린 답을 적어도 X 표시를 치면 안 되는 거잖아요. 우리 아이 상처받고 기죽으면 어떻게 해요. 저 정말 걱정돼요."

우리 아이들에게 엄마의 과한 걱정의 짐을 안겨줄 필요는 없다. 아이들은 생각보다 쿨하다. 그리고 그 결과를 깔끔하게 받아들이는 이성적인 사고를 가지고 있다. 엄마들의 지나친 걱정은 아이들의 내적 동기 부여 성장을 방해한다.

A는 "20개 중에 2개나 틀렸어!"라고 말한다. 20개 중에 2개 틀리면 90점이다. 그리고 틀린 점, 즉 개선되어야 할 부분에 아이가 집중을 하는 것 같은 모습은 엄마를 안심시키기에 매우 모범적인 답안이다. 왠지 다음번에 A가 개선되어야 할 부분에 더 집중을 하여서 더 좋은 점수를 받을 것 같은 기분이 드는 말이기 때문이다.

B는 "20개 중에 15개나 맞았네!"라고 말한다. 20개 중에 5개 틀리면 75점이다. 엄마들이 보기에 만족스럽지 않은 점수인데 왠지 만족스러운 듯한 저 반응은 보고 있자면 가히 걱정이 될 수밖에 없다. 저러다가 쟤가

저 점수에 만족하고 안주하는 것은 아닌지, 마치 다음번에도 75점을 받을 것만 같은 반응이라고 많은 엄마들은 생각한다.

하지만 우리가 여기서 짚고 넘어가야 할 부분은 아이가 자신의 점수를 보는 태도이다. '틀린 점'에 주목하는 아이들은 자기 성취를 느끼지 못한다. 객관적으로 더 높은 점수를 받았음에도 불구하고 자신의 성취에 인색하다. 이러한 부분은 아이들이 부정적인 스트레스에 취약하게 만들어 준다. 그러면 이 아이는 객관적으로 90점이라는 높은 점수를 받았음에도 불구하고 성취감을 맛볼 기회가 없어진다. 성취감은 자기 성장에 있어 가장 영양가 있는 보상이다.

'맞은 점'에 주목하는 아이들은 답을 맞췄을 때의 성취를 만끽한다. 그 기분을 또 느끼고자 더 열심히 하고 싶어 한다. "하면 되는구나. 하면 재밌구나!"를 진정으로 느껴본 아이들은 계속해서 시도해보고 잘하고 싶어 한다. 아쉬움은 아쉬움으로 넘겨버리는 쿨함을 보여준다. 본인이 성취를 경험해봤고 그 만족감을 만끽해봤기 때문이다. 그렇기 때문에 자기 자신에 대한 신뢰는 커진다. 우리 아이 스스로가 자기 자신을 믿고 가는 것만큼 아이에게 큰 재산은 없을 것이다.

"선생님이 도와줄까?"

"아니오, 잠시만요. 제가 스스로 해볼게요."

정말 놀랍게도 많은 아이들은 나의 도움을 거부한다. 스스로 해보고 싶어 한다. 학습적 자립심이 이미 길러진 아이들이다. 그 아이들은 자신을 믿고 배움의 과정을 즐긴다. 만일 만족스러운 결과를 얻지 못할지라도 인정하고 그다음을 준비한다.

대치동의 아이들은 어렸을 때부터 많은 양의 학습을 해왔기 때문에 학습을 하고 퀴즈를 보는 환경에 익숙하다. 퀴즈라는 시스템 자체는 긍정적인 효과를 불러일으킨다. 아이들이 열심히 노력하고 그 노력에 대한 성취를 맛보게 하는 가장 좋은 도구이다. 이 도구가 어떻게 사용이 될지는 결과를 바라보는 엄마의 시선에 달려 있음을 잊어서는 안 된다. 아이들은 엄마의 시선으로 세상을 바라본다. 그렇다고 무조건적인 칭찬만 하라는 이야기는 절대 아니다. 노력하는 과정을 칭찬해주고 결과는 겸허히 받아들이는 시선을 아이들에게 가르쳐준다면 우리 아이들은 세상을 조금 더 긍정적으로 바라볼 것이고 이는 학업 성취에도 효과적인 영향을 줄 것이다.

"성취란 삶이라는 과제를 우리 자신과 우리가 관계를 맺는 사람들 안에 내재된 생명력을 길러주는 만족스러운 방식으로 완수하는 것이다. 그렇게 하다 보면 자연스럽게 인생과 인간관계의 어려운 측면들을 감당할 수 있는 자제력이 생겨난다. 그리고 자신의 인생에서 하고 싶은 일을 발견해 거기에 몰두하면서 긍정적인 피드백을 받게 될 것이다."

– 버나드 로스, 『성취 습관』

ENGLISH SECRET NOTE

4 장

즐겁고 유창한 영어를
만드는 절대 법칙 6

영어 듣기의
법칙

"듣는 것을 말한다."

"영어를 먼저 배우기 위해서는 귀가 먼저 뚫려야 한다."

언어를 배우는 첫 번째는 듣는 것이다. 우리가 모국어를 배워온 과정을 잘 떠올려보자. 듣고, 말하고, 읽고, 쓰는 과정으로 우리는 언어를 터득해왔다. 특히 영어 말하기의 아웃풋을 확실히 내고 싶다면 잘 듣는 것이 매우 중요하다.

그렇다면 대치동에서 듣기 교육은 어떻게 이루어질까?

영어 유치원을 졸업한 아이들은 약 2~3년 주 5회 하루에 5시간 이상을 영어에 노출이 되어 있었기 때문에 영어로 듣는 환경이 자연스럽다. 영어 유치원에서 원어민 선생님과 수업을 하고 아이들은 들은 언어를 습득한다.

영어 교재는 따로 쓰지 않는 학원들이 많다. 하지만 필요에 따라 4대 영역 부분을 고루 채우기 위하여 넣는 학원들도 있다. 주로 『Listening Juice』와 『Bricks listening』 시리즈를 많이 사용한다. 이 두 교재는 정확한 문법으로 간단한 표현을 익히기에 매우 좋다. 그러므로 교재에 나와 있는 지문의 음성을 꾸준히 반복적으로 듣는 것이 좋다.

하지만 유창한 언어를 구사하는 원어민 선생님은 한 반에 한 명이고 아이들이 들을 수 있는 영어의 다양성이 부족한 점에서는 아쉽다. 언어의 다양성을 접하기에 가장 좋은 것은 멀티미디어이다. 이때에 무엇을 사용하느냐보다는 어떻게 사용하느냐가 더 중요하다. 만약 멀티미디어를 접하는 것만으로 새로운 언어를 습득할 수 있다면, 미국 드라마를 열심히 보는 사람들은 모두가 다 영어를 능숙하게 구사할 수 있어야 할 것이다. 언어를 습득을 하는 것과 콘텐츠를 즐기는 것은 별개이다. 그렇다면 영어를 잘 듣기 위해서는 어떻게 멀티미디어를 이용하는 것이 좋을까?

1) 우리 아이 수준에 너무 높지 않아야 한다. 오히려 아이 수준보다 쉬우면 좋다.

수업 외적으로 영어를 접할 때에는 부담스럽지 않는 선에서 아이에게 접근하는 것이 좋다. 특히 영어에 거부감을 느끼거나 영어를 즐겨하지 않는 아이들일수록 영어는 쉬워야 한다.

2) 반복은 하면 할수록 좋다.

반복 학습의 효과는 상상 이상이다. 예를 들어 우리가 좋아하는 노래를 완벽히 숙지하기 위해서 몇 번을 들어야 할까? 개인차는 있겠지만 적어도 10번 20번은 들으며 익혀야 할 것이다. 영어도 마찬가지이다. 같은 것이라도 계속해서 꾸준히 반복해서 듣다 보면 우리 아이에게 그 표현은 익숙해질 것이다. 그리고 그 표현은 어느새 우리 아이의 입에서 나오는 표현이 되어 있을 것이다.

3) 아이가 흥미가 있어야 한다.

그냥 흘려듣기와 집중을 해서 듣는 데는 효과 차이가 크다. 처음에는 영어 노래로 시작을 해도 좋다. 아니면 아이가 흥미 있어 하는 분야의 유튜브도 좋다. 재미있는 만화영화도 좋다.

〈Sesame Street〉 – 재미있고 다양한 콘텐츠를 제공한다. 파닉스를 위한 콘텐츠보다 더 다양해진 어휘로 5세부터 9세 이하 아이들을 위한 일상생활 영어 콘텐츠로 적합하다.

〈Dora the Explorer/ Dora and friends〉 – 도라가 친구들과 떠나는 탐험 이야기이다. 쉽고 단순한 내용으로 어렵지 않게 영어를 접할 수 있다. 5세 이상 아이들에게 적합하다.

〈Clifford the Big Red Dog〉 – 에밀리가 키우는 귀여운 빨간 강아지와 일어나는 이야기를 재미있게 보며 생활 영어를 접할 수 있다. 6세 이상 아이들에게 적합하다.

〈Berenstain Bears〉 – 귀여운 곰돌이 가족의 일상으로 짧은 에피소드로 생활 영어를 재미있게 즐길 수 있다. 6세 이상 아이들에게 적합하다.

〈Arthur〉 - 주인공인 Arthur의 일상생활을 재미있게 담은 이야기로 살아 있는 집과 학교에서 사용하는 생활 영어를 접할 수 있다. 교육용으로 추천한다. 7세 이상 아이들에게 적합하다.

〈The Powerpuff girls〉 - 특별한 능력을 가지고 있는 세 명의 소녀가 떠나는 모험의 이야기다. 소녀들은 도둑, 외계인 등으로부터 세상을 구하려고 한다. 8세 이상 아이들에게 적합하다.

〈Hero Elementary〉 - 히어로가 되기 위한 학교에 다니는 학생들에게 일어나는 재미있고 다양한 이야기를 즐기며 영어를 배울 수 있다. 8세 이상 아이들에게 적합하다.

〈Martin Morning〉 - 매일 아침 7시 30분에 마틴은 다른 모습으로 일어난다. 매일을 다른 모습으로 살아가는 마틴의 다이나믹한 일상을 통해 영어를 배울 수 있다. 짧지만 대사의 속도감은 있는 편으로 8세 이상 아이들에게 적합하다.

⟨Dexter's laboratory⟩ - 천재 소년 Dexter가 만들어내는 실험 이야기와 학교생활을 보면서 영어를 습득할 수 있다. 8세 이상 아이들에게 적합하다.

⟨Sponge Bob Square Pants⟩ - 너무나도 유명한 '스펀지 밥' 시리즈는 태평양 바닷속을 배경으로 꾸며진 이야기다. 스펀지 밥과 그 친구들이 꾸며내는 재미난 바닷속 이야기를 통해 영어를 재미있게 배울 수 있다. 8세 이상 아이들에게 적합하다.

⟨Phineas and Ferb⟩ - Phineas and Ferb의 상상력 넘치는 신나는 모험의 이야기 속에서 영어를 습득하기 좋은 만화이다. 대사가 빠른 편이라 9세 이상의 아이들에게 적합하다.

⟨Magic School Bus⟩ - 스콜라스틱 동화책 시리즈를 만화영화로 만든 작품이다. Ms. Frizzle 선생님 반의 아이들이 소풍을 가는 흥미로운 이야기이다. 매직 스쿨버스를 타고 우주, 바닷속, 사람의 몸속까지 탐험을 떠나는 흥미진진한 내용을 통하여 영어를 배울 수 있다. 대사량이 많고 박진감 넘치는 이야기로 10세 이상의 아이들에게 적합하다.

〈Disney movies〉 - 디즈니 영화들은 아이들뿐 아이라 어른들을 위한 영어 공부 자료로 꾸준히 사용되고 있다. 발음이 정확하고 표준어적인 영어를 배울 수 있기 때문이다. 대사량이 어린이들을 위한 만화영화보다 많고 어휘가 더 풍부하다. 디즈니 영화를 교육용 자료로 유용하게 사용하는 데는 10세 이상의 아이들에게 적합하다.

영어 읽기의
법칙

"오늘 책을 읽는 사람이 내일의 리더가 된다."

— 마가렛 풀러

영어책 읽기의 중요성은 너무도 익히 잘 알려져 있다. 영어와 책 읽기 두 마리 토끼를 다 잡는 유일한 방법은 영어책 읽기이다. 한국말로 된 책도 읽지 않으려 하는데 어떻게 영어책 읽는 습관을 만들어줘야 할까?

1) 영어책 읽기 시작은 어린 나이일수록 좋다.

영어책을 읽는 데 있어 시작하기 좋은 정확한 나이는 없다. 하지만 어리면 어릴수록 좋다. 그 이유는 단 한 가지이다. 아이들이 영어책에 쉽게 친숙해질 수 있기 때문이다. 초등학교 저학년의 나이 전에 영어책을 접한 아이들과 초등학교 고학년부터 영어책을 접한 아이들은 영어에 대한 친밀도가 확실히 다름을 많은 경우를 통하여 보았다.

아이들의 언어 발달 단계를 크게 세 가지로 나누면 유아기, 초등 저학년, 초등 고학년으로 나눌 수가 있다. 이 과정을 도화지에 그림을 그리는 과정에 빗대어보면, 새하얀 도화지(초등학교 입학 전), 연필로 밑그림 그리기(초등학교 저학년), 밑그림에 물감으로 색칠하기(초등학교 고학년)이 될 것이다. 나이가 어린 단계일수록 수정이 쉽고 빈 공간이 더 많다. 그렇기 때문에 제 2국어가 침투할 공간이 더 많아지는 것이다.

많은 언어학자들은 나의 의견에 반박할 수도 있다. 사실 성인들도 영어 공부를 그것도 독학으로 시작한 지 3~4년 만에 자연스러운 영어를 구사하는 이들도 많기 때문이다. 우리 아이들과 성인의 상황은 조금 다르다는 것을 여기서 짚고 넘어가야 할 필요가 있다. 성인이 영어를 배우고자 할 때는 정확한 자신만의 목표와 강한 내적 동기를 가지고 있다. 하지만 우리 아이들은 성인만큼 목표의식과 내적 동기가 단단하지 않다.

내가 10년 넘게 많은 아이들을 봐오면서 아이들이 심리적으로 영어를 자연스럽게 받아들이기에는 나이가 어릴수록 마음이 더 열려 있고 말랑하다는 것을 깨달았다. 시작에 늦은 나이란 없다. 누구나가 지금 당장 영어책은 읽을 수 있다. 다만, 어릴수록 아이들이 영어를 좀 더 친근하게 받아들이는 것이다.

2) 영어책 읽기가 스트레스가 되면 안 된다.

무엇이든 숙제가 되고 스트레스로 여겨지면 그 일은 하고 싶지 않다. 하고 싶지 않은 것을 억지로 하는 것만큼 괴로운 일은 없을 것이다. 영어책 읽기의 시작도 절대로 스트레스가 되면 안 된다. 그렇다면 어떻게 하는 것이 좋을까?

목표를 최대한 가볍고 낮게 부담 없는 선에서 잡는 것이 좋다. 오히려 처음 시작은 우리 아이 실제 영어 레벨보다 조금 더 낮춰서 시작하는 것도 효과적인 방법이다. 그렇다면 우리 아이 리딩 레벨은 어떻게 알 수 있을까?

	Scholastic Guided Reading Program Levels	Scholastic Guided Reading Lexile Ranges	CCSS Lexile Recommendations	DRA Level
Kindergarten	A	n/a	n/a	A–1
	B			2
	C			3–4
	D			6
Grade 1	A	n/a	n/a	A–1
	B			2
	C			3–4
	D			6
	E			8
	F			10
	G			12
	H			14
	I			16
Grade 2	E	100–1120	420–620	8
	F			10
	G			12
	H			14
	I			16
	J–K			16–18
	L–M			20–24
	N			28–30
Grade 3	J–K	100–1120	620–820	16–18
	L–M			20–24
	N			28–30
	O–P			34–38
	Q			40
Grade 4	M	180–1280	740–875	20–24
	N			28–30
	O–P			34–38
	Q–R			40
	S–T			40–50
Grade 5	Q–R	330–1280	875–1010	40
	S–V			40–50
	W			60
Grade 6	T–V	300–1340	925–1010	50
	W–Y			60
	Z			70

– 출처 : https://www.scholastic.com/parents/books-and-reading/reading-resources/book-selection-tips/lexile-levels-made-easy.html

우리 아이 리딩 레벨을 알 수 있는 가장 쉬운 방법은 책에서 한 문단에 모르는 단어가 2~3개 정도 있다면 편안하게 읽기에 적당한 레벨이다.

조금 더 자세한 레벨을 알고 싶다면 앞의 렉사일 지수 차트를 참고하는 것을 권한다. 이 차트는 미국 아이들 학년에 따른 평균 리딩 레벨(Scholastic Guided Level과 Lexile Level)을 나타낸 표이다.

만약 아이가 읽고 싶어 하는 책 또는 즐겨 읽는 책의 리딩 레벨을 알고 싶다면 북위자드 사이트에 들어가서 책 제목을 입력하면 리딩 레벨이 나온다.

대치동의 아이들은 초등학교 1학년이면 lexile 지수로 600~800 정도의 책을 읽는다. 이는 미국 초등학교 3학년 아이들의 평균 리딩 레벨이다.

하지만 책을 고를 때 아이들의 리딩 레벨에 너무 많이 집중을 할 필요는 없다. 쉽고 편안하게 넘기며 읽을 수 있는 책과 아이의 리딩 레벨에 맞는 책을 알맞게 섞어서 골고루 여러 책들을 접해보는 것을 추천한다.

3) 영어책 읽기를 엄마와 함께 하면 효과는 두 배가 된다.

아이와 함께 책 읽는 활동은 아이뿐만 아니라 엄마를 성장시켜준다. 많은 육아 전문가들은 아이들과의 공감대 형성을 강조한다. 우리 아이가 영어책 읽는 것에 낯을 가린다면 엄마만큼 효과적으로 중간 다리를 할 수 있는 사람은 없다. 가볍게 영어 도서관을 가더라도 이는 아이에 따라서 숙제 또는 공부로 받아들일 수가 있다. 영어책 읽기를 일상적인 습관으로 만들기 위해서는 엄마의 노력이 필요하다.

M은 2학년 학생이지만 5학년 리딩 레벨의 책을 읽는 아이였다. 혼자 책을 읽을 능력이 충분히 있음에도 늘 엄마와 함께 책을 읽고 싶어 했다. M의 엄마는 일을 하는 워킹 맘이었다. 아이와 함께 충분히 시간을 못 보내준다는 미안함을 가지고 있었다. 그래서 아이와 함께 매일 가볍게 즐길 수 있는 활동으로 함께 책 읽기를 선택하였다. M은 동생과 엄마와 매일 밤 자기 전 30분에서 1시간 정도 책을 읽는 시간을 갖는다. 어릴 때는 엄마가 일방적으로 읽어주었다. 하지만 아이들이 점점 자라면서, 그리고 M의 리딩 레벨이 급격히 오르면서 각자 다른 책을 선택을 해서 같은 공간에서 서로 책을 읽는 것이다. M은 하루 중에서 이 시간을 가장 좋아했다.

아이들은 엄마를 좋아한다. 우리가 생각하는 것 이상으로 엄마를 좋아하고 우러러본다. 그리고 엄마가 하는 것은 따라 하고 싶고 엄마처럼 되고 싶어 한다. 엄마란 존재는 아이에게 엄청난 영향력을 가지고 있는 사람이다.

엄마가 아이와 꼭 똑같은 책을 읽을 필요는 없다. 하지만 같은 책을 읽고 그 책에 대한 생각을 나누며 아이를 더 알아가고 아이는 엄마로부터 세상을 보는 눈을 배우는 것만큼 살아 있는 교육은 없을 것이다. 서로 재밌게 읽었던 부분에 대해서 공감하고 생각이 다른 부분은 나누며 아이들의 책에 대한 흥미도는 더욱 올라가게 된다.

4) 영어책 읽기, 책을 잘 활용하면 책은 보물창고가 된다.

여러 종류의 텍스트들을 짧은 리듬으로 읽기에 미국 교과서만 한 것이 없다. 특히 나는 초등학교 3학년까지의 수업에는 미국 교과서를 적극 활용한다. 출판사에서 엄선한 작품성 있는 텍스트들을 문학, 비문학 다양하게 접할 수 있기 때문이다. 다양하지만 짧은 텍스트를 깊이 있게 수업하기에는 미국 교과서만한 것이 없다. 책에 나와 있는 여러 가지 활동들을 비롯하여 책에 나와 있지 않은 여러 활동을 하는데 미국 교과서는 보물 창고처럼 활용이 된다. 미국 교과서와 함께 출판되는 부교재도 함께 사용하여 문법과 글쓰기를 같이 익힐 수 있는 장점이 있다.

미국 교과서의 종류

Journeys

Reading Street

Treasures

Wonders

5) 탄탄한 모국어 실력은 영어책 읽기의 뿌리가 된다.

영어권 국가에서 살다 온 리터니(returnee)가 아니라 한국에서 태어나고 자란 한국 아이들의 경우는 더욱더 모국어를 놓쳐서는 안 된다. 모국어는 모든 언어 공부의 뿌리가 되기 때문이다. 간혹 엄마들이 영어에만 집중을 하고 모국어를 소홀히 한 것을 후회하는 모습을 종종 볼 때가 있다. 누구에게나 모국어는 하나이다. 이 모국어가 잘 자리를 잡아줘야 제2언어도 안정적으로 발달할 수가 있다.

R과 함께 수업을 하기 시작한 것은 7세 때부터였다. 영어 유치원 3년

차를 다니고 있었고 그에 맞는 영어를 구사하였다. 영어 유치원 과정을 졸업하고 집 앞에 공립학교를 다녔다. R의 엄마는 영어 노출 시간이 줄어든 것에 아이의 영어 실력도 같이 줄지 않을지 걱정을 하였다.

방과 후에 학원을 다니면서 영어를 꾸준히 유지해주었고 영어책 읽기도 소홀히 하지 않았다. 국어 수업과 논술 수업도 병행하였다. 그렇게 1학기가 지나고 1학년 여름방학쯤에 모국어 어휘 실력이 전체적으로 눈에 띄게 늘면서 영어 실력도 같이 늘게 되었다. 나는 이렇게 제 2외국어 습득에 있어서 모국어의 중요성을 다시 한번 느끼게 되었다.

"모국어 실력만 제대로 갖추고 있고 시간만 충분히 투입한다면 평생 어떤 외국어든 상당한 수준까지 배울 수 있다. … 생각해봐야 할 지점은 아이가 우리 글로 된 책을 읽으면서 재미를 느끼는지의 여부다. 국어로 된 책도 잘 읽지 않는 아이가 어떻게 영어로 된 책을 잘 읽을 거라고 희망하는가."

— 박순, 『아이의 영어 두뇌』

놀랍게도 수능 영어의 기본은 모국어인 국어이다. 국어 실력이 강한 아이들이 영어로 쓰인 문단을 국어적인 사고를 이용하여 푸는 문제가 수능 영어이다. 그러다 보니 SAT 만점을 받은 아이들 또는 미국에서 살다 온 아이들도 어려워한다는 시험이 수능 영어 시험인 것이다. 우리 아이의 수능 영어까지 바라본다면 모국어 공부를 소홀히 해서는 안 된다. 국어를 잡아야 영어와 국어 둘 다 잡을 수 있다.

영어 쓰기의
법칙

대치동 초등 영어 학원에서 크게 두 가지의 글쓰기를 한다.

첫 번째는 personal narrative(일기 형식)으로 자기의 경험을 이야기하는 글쓰기이다.

What is the best moment in your life?

Write about what you did last summer.

두 번째는 5 paragraph essay 형식의 argumentative writing(논리적으로 자신의 의견을 나타내기)이다.

What is the best place to visit for summer?

Should laws be strict?

Virtual learning is better than the traditional classroom setting. Do you agree with this statement?

과연 라이팅을 잘하는 비법은 과연 뭘까?

1) 워런 버핏처럼 쓰기

글을 쓰는 작업은 종합 예술과도 같다. 나의 생각을 나만의 방식으로 표현하는 것이 글쓰기이다. 영어 라이팅을 잘한다는 것은 영어로 자신의 생각을 표현하는 것이다. 영어 실력, 창의력, 논리력, 사고력, 어휘력, 그리고 사고의 유연성이 모두 합쳐 영어 라이팅이라는 결과를 만들어낸다. 영어 습득에서 라이팅은 아웃풋이다. 만족스러운 아웃풋이 나오려면 만족스러운 인풋이 들어가야 한다. 그래서 먼저 라이팅을 잘하려면 잘 읽어야 한다. 잘 읽은 것을 잘 쓰는 것, 그것이 글쓰기를 잘하는 비결이다.

"하루에 500쪽씩 읽어라."

– 워런 버핏

"오늘날의 방송보다 책은 너를 깊고 완전한 모험을 하도록 해줄 것이다."

– 마크 저커버그

"해적들이 보물섬에서 훔친 모든 보석보다 더 많은 보석들이 책 속 안에 있다."

– 월트 디즈니

"책을 읽는 것은 중요하다. 네가 만약 책을 읽는다면 모든 세상이 너를 향해 열릴 것이다."

– 버락 오바마

워런 버핏, 마크 저커버그, 월트 디즈니, 버락 오바마. 이름이 브랜드인 이들은 왜 이렇게 책 읽기를 강조할까? 그렇다면 위대한 힘을 가진 책, 이 책을 쓰는 사람들은 과연 누구일까? 워런 버핏을 비롯한 많은 위인들은 책을 읽는 데서만 그치지 않았다. 그저 리더(reader)에서 그치지 않다. 그들은 책 속에서 얻은 지식을 실생활에 적용을 하였다. 책을 읽고 습득한 지식을 활용하는 것이 이들의 성공 법칙이다.

영어 교육도 마찬가지이다. 책을 읽기만 하고 쓰지 않는다면 글쓰기는 절대 늘지 않는다. 책을 읽는 것에만 그치지 않고 작가에게서 받은 영감을 우리 아이들이 작가가 되어 써야 한다. 글은 많이 쓰면 쓸수록 실력이 올라간다. 오늘부터 당장 아이와 함께 30분의 영어 독서 그리고 30분의 영어 글쓰기를 실천해보자!

2) 크리스토퍼 콜럼버스처럼 쓰기

"어떤 일도 두려워하지 말라."

– 크리스토퍼 콜럼버스

유럽에서 인도로 가는 새 항로를 개척하고자 했던 탐험가 크리스토퍼 콜럼버스는 그의 목적을 달성하지 못하였다. 콜럼버스는 인도에 도착하고 싶었고, 생을 마감할 때까지 자신이 발견한 신대륙이 인도 땅인 줄 알았다. 하지만 그가 도착한 곳은 인도 땅이 아니었다. 그곳은 아메리카 대륙이었고 그 후에 크게 성장하여 세계에서 가장 강한 나라 미국이 된다. 그렇다면 그는 실패한 것일까?

새로운 것에 도전하는 데 두려움이 없던 콜럼버스처럼 우리 아이들도 영어를 거침없이 써야 한다. 단어 철자가 틀리고 문법이 틀려도 괜찮다. 먼저 콘텐츠, 즉 글의 내용을 키우는 것이 먼저이다.

"선생님, 우리 아이는 글을 쓸 때 문법이 너무 틀려서 라이팅을 못하는 것 같아요."

B의 엄마의 걱정과는 달리 B는 글을 아주 잘 쓰는 아이였다. 물론 문법과 철자의 실수가 있는 것은 사실이다. 하지만 본인의 생각을 정확하고 재치 있게 글을 쓰는 아이였다. 그리고 B의 글은 초등학교 3학년 아이가 썼다고 믿기지 않을 만큼 흡입력이 있었다. 지금 당장의 문법과 철자가 틀리는 것은 큰 걸림돌이 아니다. 오히려 실수가 두려워서 정확한 문장만 쓰기 위해서 새로운 표현을 쓰는 시도와 모험을 하지 않는다면 어휘는 늘지 않을 것이다. 우리 아이가 아무리 황금 보석보다 더 귀하고 혁신적인 생각을 품고 있어도 이것을 글로 풀어서 세상 밖으로 꺼내지 않는다면 그 값진 생각들은 영영 빛을 못 보게 되는 것이다. 아이의 생각을 자유롭게 꺼내줘야 한다. 그것은 아이가 직접 해야 한다. 물론 엄마 또는 선생님이 대화를 통해 여러 가지 생각을 다방면에서 할 수 있도록 유도를 할 수는 있다. 하지만 결국 그 생각에 숨을 불어넣는 것은 우리 아이

가 직접 해야 한다. 그러기 위해서 우리 아이는 실수를 두려워하지 않아야 한다. 아이가 생각한 것을 자유롭게 실수에 얽매이지 않은 채 글로 나타내는 연습을 하는 것이 글을 잘 쓰는 지름길이다.

3) 파블로 피카소처럼 쓰기

우리 아이들은 정답을 찾는 데에 친숙하다. 대치동 영어 학원을 들어가기 위해선 레벨 테스트(입학시험)를 봐야 한다. 읽기, 쓰기, 문법, 그리고 자신의 생각을 말하는 인터뷰 능력을 요구한다. 읽기 시험과 문법 시험을 위해서 아이들은 문제 풀이 연습을 한다. 정답을 찾기 위한 읽기가 시작이 되는 것이다. 안타깝지만 이러한 과정에서 아이들의 창의력 성장을 방해를 받는다.

"정답을 찾기 위한 문제 풀이가 아이의 창의력 발달에 걸림돌이 되니 시키지 않는 게 좋을까요?"

영어 문제 풀이집에는 장단점이 있다. 장점은 아이들이 짧은 지문을 더 집중해서 읽고 바로 얼마큼 이해했는지에 대한 피드백을 받을 수 있다. 단점은 아이들이 맞고 틀리는 것에 너무 집중을 하여 정답 찾기를 위한 글 읽기가 될 수 있으니 이 부분은 선생님과 엄마가 아이가 유연해질 수 있도록 도와주어야 한다.

글을 쓸 때만큼은 정답이 없는 우리 아이 자신의 생각을 자유롭게 풀어놓을 수 있도록 해주어야 한다.

P는 정확한 성격의 아이였다. 논리적으로 옳고 그름을 정확히 알아가며 지적 욕구를 충족하였다. 실수를 하고 싶지 않은 성향에 틀이 없이 자유롭게 글을 쓰는 것을 조금은 두려워했다. 마치 어린 시절 다니던 미술 학원에서 선생님이 자유롭게 그리고 싶은 것을 그리라고 했을 때 무엇을 그릴지 몰라 괴로워하던 아이들의 모습처럼, P도 그랬다.

자신의 생각을 나타내는 데 있어서 긴장하지 않도록 약간의 틀을 만들어주었다. 주제에 대해서 같이 이야기하며 브레인 스톰(brainstorm) 작업을 같이 하며 많은 예시를 보여주고 들려주었다. 그러한 시간을 보내고 난 후 P에게 변화가 일어났다. P에게 라이팅은 어떻게 하면 되는지 큰 그림이 읽히고 난 후 P는 조금씩 자신의 생각을 내면서 써보는 것에 대해 좀 더 유연해지기 시작하였다.

라이팅에 대해서 어려움을 겪고 있는 아이들은 두 종류가 있다. 첫 번째는 생각(idea)은 있는데 영어로 어떻게 써야 할지 모르는 경우이다. 이런 경우는 문제를 해결하기가 아주 쉽다. 아이가 이미 콘텐츠를 가지고 있으므로 영어 실력을 올리면 해결이 된다. 두 번째는 아예 무슨 말을 써야 하는지를 모르는 경우이다. P는 두 번째 경우였다. 자신의 생각을 영어로 쓰고 표현하는 데에 어려움은 없지만 무슨 이야기를 어떻게 써야 하는지에 어려움을 겪었다. 이럴 경우는 아이가 자신의 생각을 조금 더 유연하고 자유롭게 표현할 수 있도록 도와주는 과정이 먼저 필요하다.

글쓰기는 창조이다. 화가 피카소처럼 자신의 생각을 자유롭게 표현해 보는 도전 정신이 필요하다. 글쓰기에 정답은 없다. 아이들의 모든 생각은 다 정답이 될 수 있다고 끊임없이 이야기를 해주며 자신감을 키워주는 것이 중요하다. 아이들 스스로가 자신의 생각이 틀렸다고 생각하며 어린 나이부터 가지치기를 하는 것만큼 창의력 발달에 방해 요소는 없을 것이다.

홍영철의 『너는 가슴을 따라 살고 있는가』에서는 피카소의 이야기가 나온다. 피카소는 50,000여 점의 작품을 남겼는데, 그중에는 1,000억 원대의 작품도 있어 전체의 값어치를 헤아릴 수 없다는 것이다. 책에서는 그가 이렇게 엄청난 가치를 만들 수 있었던 이유를 '남이 원하는 것이 아니라 자신이 원하는 것을 그렸기 때문'이라고 말한다.

"나만이 할 수 있는 것, 내가 아니면 누구도 할 수 없는 것, 그것이 창조다. 우리는 모두 그런 것을 하나씩은 가지고 있다. 다만 찾으려고 애쓰지 않을 뿐이다."

― 홍영철, 『너는 가슴을 따라 살고 있는가』

04

영어 말하기의
법칙

언어의 4대 영역인 읽기, 쓰기, 듣기, 말하기 중에서 많은 사람들이 어려움을 느끼는 영역은 단연 말하기 부분일 것이다. 우리 아이들은 사교육 없이 초등학교부터 고등학교까지 약 10년의 영어 의무 교육을 받게 된다. 10년이면 강산도 변하는 긴 시간 동안 영어 교육을 받는 대한민국 학생들은 대학생 때는 취업을 위해 토익 학원을 다닌다. 그런데 왜 대한민국 학생들은 영어로 말하는 것에 두려움을 가질까?

1) 영어를 살아 있는 언어로 배우지 않는다.

4장   즐겁고 유창한 영어를 만드는 절대 법칙 6   **189**

국어, 수학과는 달리 영어는 과학이 발전하면서 교육 환경이 많이 변했다. 영어권 문화에 더 쉽게 접할 수 있게 되었고 K-pop의 성공으로 많은 외국인들을 대한민국 땅에서 더욱더 많이 만날 수 있게 되었다. 애플, 나이키, 버거킹, 마이크로소프트, 마블 영화, 디즈니를 비롯한 할리우드 영화와 팝송 등 대한민국 사람들은 미국 문화에 친숙하다. 물론 영어가 미국에서만 쓰이는 것은 아니지만 실제로 우리는 미국 문화를 일상 속에서 쉽게 접한다.

하지만 학교에서는 20~30년 전과 같이 여전히 시험을 보기 위한 영어를 가르친다. To 부정사가 어떻고, 동명사가 어떻고… 이렇게 시험을 보기 위한 문법으로 영어에 접근한다. 그리고 사실 아이들 독해 지문으로 나오는 어휘는 일상생활에서 우리가 말을 할 때 쓰는 회화 어휘와는 많이 다르다. 특히 수능은 한국식 영어 표현이 많기 때문에, 외국에서 살다 온 사람들도 쉽게 풀지 못하는 것이다.

우리 아이들이 학교에 앉아서 영어 수업을 들어도 영어로 실제 말을 할 수 있는 기회는 없다. 예를 들어 수영을 배운다고 가정하자. 수영 수업을 책상에 앉아서 호흡법, 몸 움직임, 발차기, 손 휘두르기 등을 10년 넘게 배워도 실제로 물 안에 들어가서 직접 부딪히며 경험해보지 않으면 수영을 하는 법을 배울 수 없다. 이처럼 언어도 몸을 이용하여 감각적으로 습득을 해야 하는 부분이 있다.

영어로 말하기도 똑같다. 실제로 입을 열어서 많은 말을 해봐야 한다. 그리고 실수를 하더라도 가벼운 마음으로 넘어가고 계속 시도를 해보아야 한다. 하지만 우리 아이들에게는 실제로 영어를 활용해볼 기회가 주어지지 않는다.

2) 실수를 두려워한다.

대한민국의 많은 사람들은 영어 앞에만 서면 작아진다. 왜 우리는 유독 영어 앞에서 작아질까? 그림을 못 그리고 춤을 못 추고 노래를 못하면, 쿨하게 그럴 수도 있지 하면서 넘기지만, 마치 영어를 잘 못하면, 잘 해야 하는데 못하는 것 같은 압박을 받고 부끄러워한다. 기본적으로 영어는 잘해야 한다는 생각이 디폴트로 들어가 있다.

우리는 이야기를 할 때 뇌 속에 저장되어 있는 어휘를 이용해서 상황에 맞는 말을 한다. 기분에 집중하고 상황과 생각에 집중을 하지, 말을 하면서 이 문법이 틀렸는지를 신경 쓰지 않는다. 하지만 많은 아이들은 영어를 시험 과목으로 접근을 해서 배웠기 때문에 영어를 쓸 때 틀리면 안 된다고 생각을 한다. 한국말을 할 때 실제 말이 갑자기 안 나올 수도 있고 살짝 더듬거나 말하고 싶은 단어가 생각이 안 날 수도 있다. 이는 너무나 자연스러운 현상이다. 마치 우리가 걸어가다가 잠시 발을 헛디디거나 발을 접질러서 넘어지는 것과 같다. 길거리를 걸어가다가 만약 우리가 넘어져도, 우리는 아무렇지 않게 다시 일어서서 가던 길을 걸어간다. 그 자리에 주저앉아서, '나는 왜 이렇게 걷기를 잘 못할까?' 하며 의기소침해 있지 않는다.

이처럼 우리는 영어 앞에 대담해질 필요가 있다. 문법이 조금 틀리고 단어가 조금 틀려도 과감히 입 밖으로 소리 내어 이야기를 해야 한다. 영어로 말할 때 혹시 실수를 하지 않을까 하는 두려움에서 자유로워질 때 영어 말하기에 날개가 달릴 것이다.

3) 발음에 신경을 많이 쓴다.

대한민국 사람들은 대체로 폼에 신경을 많이 쓴다. 골프를 칠 때도 자세가 예뻐야 하고, 스키를 탈 때도 폼이 좋아야 한다. 그러다 보니 영어를 할 때 발음에 신경을 많이 쓴다.

지금은 많이 변화하고 있지만, 우리가 주로 접하는 영어 발음은 미국 도시 지역에 살고 있는 백인들이 주로 쓰는 발음을 많이 접한다. 하지만 미국에는 정말 많은 인종이 모여 살고 있다. 많은 이민자들의 발음은 그들의 모국어에 많은 영향을 받는다. 게다가 흑인, 남부 지역 등 인종 그리고 지역별로 약간의 억양이 다르다. 그러면 그들은 영어를 못하는 것일까?

"아이 학원 선생님이 영국인인데, 아이가 영국 발음으로 굳어질까 걱정이 돼요."

다양한 영어를 경험하는 것은 우리 아이가 나중에 더 넓은 세상으로 나가서 많은 이들과 의사소통을 하는 데에 도움이 된다. 들리는 발음보다는 자신의 생각을 잘 영어로 표현하는 연습을 많이 하는 것이 중요하다.

대치동 아이들의 영어 실력이 좋은 이유는 이와 같다.

영어 환경에 많이 노출된다.

영어 환경에 많이 노출된다는 것은 영어와 좀 더 친밀해질 기회가 많다는 것이다. 특히 영어 유치원을 졸업한 아이들은 외국인과 영어로 대화하는 것에 대체로 두려움이 없다. 이 아이들에게는 '외국인'이 아닌 '우리 선생님'인 것이다. 그리고 초등학생이 되면, 이 아이들은 영어 유지를 위해 많은 노력을 한다. 꾸준한 영어 수업과 영어로 된 콘텐츠를 접하면서 영어의 감(sense)을 놓지 않으려고 한다.

읽은 책을 바탕으로 자신의 생각을 이야기하는 book club(북클럽) 수업과 여러 가지 사회 현상에 관한 debate(디베이트) 수업을 개인적으로 나는 참 좋아한다. 아이들의 사고력도 키우면서 말하기, 어휘, 거기에 쓰기까지 다양하게 할 수 있기 때문이다.

어릴 때 접할수록 아이들은 실수에 민감하지 않다.

대치동에서 아이들을 10년 이상 가르치면서 느낀 것 중의 하나는 아이들이 영어로 말하는 것에 큰 두려움이 없다는 것이다. 특히 이 부분은 어릴 때 영어를 접한 아이일수록 영어에 대한 두려움이 적었다.

"우리 애는 벌써 초등학교 4학년인데, 늦은 것일까요?"

아니다. 절대 늦지 않았다. 사실 언어를 배우는 데에 있어서 늦은 나이란 없다. 다만 언어를 자연스럽고 친숙하게 배우기 위해서 어린 나이에 언어 습득을 시작하면 이로운 점은 있다.

하지만 조금 늦은 나이에 외국어를 습득하게 되면 모국어가 탄탄하게 받쳐준다는 장점이 있다. 많은 유투버들이 성인이 되어서 3년 정도의 짧은 시기에 영어를 유창하게 말하게 되는 자신만의 노하우를 공유하고 있다.

2021년 하반기를 떠들썩하게 했던 Mnet에서 방영된 〈스트릿 우먼 파이터〉에 나온 가비와 립제이의 영어 실력을 보고 나는 놀랐다. 이들의 공통점이 있다. 탄탄한 모국어 실력, 영어에 대한 흥미, 그리고 영어에 대한 강한 열정. 이 세 가지만 있으면 사실 나이에 상관없이 모든 사람들은 영어를 잘할 수가 있다.

우리 아이들에게 조금 더 많은 영어 환경을 만들어주며 영어 자신감을 키워준다면 아이들의 내적 동기는 올라갈 것이다. 이것이 영어 말하기를 잘하는 비법이다.

영어 문법의
법칙

대부분의 대치동 아이들이 5학년 정도가 되면 문법을 다지기 시작한다. 아무리 해리포터를 원서로 줄줄 읽고 영어로 자신의 생각을 말할 줄 알아도 결국 우리 아이들이 시험을 봐야 하는 것은 내신 문법이기 때문이다. 여기서 굉장히 흥미로운 것은 이렇게 영어가 유창한 아이들에게 문법 문제집을 풀게 하면 많이 틀린다는 것이다! 많은 이들은 이해를 잘하지 못한다. 나도 처음에 그랬다. 아니 이렇게 영어를 잘하는데 이 쉬운 영어 문법 문제집을 틀린다니. 특히 시중에서 나온 중학교 1학년 영어 문법 문제집은 아주 기초적인 내용이므로 많은 엄마들은 혼란에 빠진다.

"선생님, 어떡하죠? 우리 T는 아주 기초적인 문법 문제도 틀리는데, 이제까지 영어 공부가 잘못된 걸까요?"

T는 소위 말하는 전형적인 대치동 영어 교육 코스를 밟은 아이였다. 영어 유치원 3년 후 대치동 영어 학원에서 쭉 영어 교육을 받으며 5학년 여름방학 때는 미국으로 캠프를 다녀온 상황이었다. 그런데 이렇게 쉬운 기초 문법 문제를 틀리다니…. 과연 T의 영어는 뭐가 잘못된 것이었을까?

시험의 힘은 정말 대단한 것 같다. 그리고 시험에 대한 엄마들의 신뢰도도 놀라울 정도로 강한 것 같다. 원서로 된 책을 읽고, 영어로 유창하게 말하고 써도, 영어 문법 시험을 잘 보지 못하면 혹시 우리 아이가 영어를 잘 못하는 것은 아닌가 하는 착각을 하게 만드니 말이다. 하지만 이 착각에 빠지면 안 된다. 그렇다면 과연 한국식 영어 문법은 효과가 없는 것일까?

한번은 문법을 콕 집어줄 필요가 있다. 어려서부터 영어 인풋을 많이 넣은 아이들에게 초등학교 고학년 때쯤 배우는 한국 스타일의 문법의 효과는 높다. 앞에서 영어로 듣고 말하기 읽고 쓰기인 언어의 4대 영역 부분에서 문법에 집중하지 않는 것이 좋다고 이야기했다. 근데 이제 와서 문법 공부의 효과가 높다고 이야기하니 독자들은 혼란스러울 수도 있다.

쉽게 말하면 우리가 이야기를 할 때 명사, 형용사, to 부정사를 생각하여 이야기하지 않는다. 언어의 구문과 문장이 통으로 들어가서 우리 뇌에 자리를 잡는다.

우리는 우리에게 저장된 어휘를 상황에 맞게 이용하는 훈련을 한다. 말하고 쓰는 아웃풋을 통하여 언어적인 구조에 익숙해지고 친밀도를 높이게 된다. 이 과정에서 문법적인 실수는 크게 중요하지 않다.

예를 들어 'He goes to school'을 'He go to school'이라고 이야기를 하더라도 뜻을 전달하는 데는 전혀 문제가 없다.

He like to play soccer with me. → He likes to play soccer with me.

Tom don't know who is he. → Tom doesn't know who he is.

Tom didn't went to school yesterday because he was sick.

→ Tom didn't go to school yesterday because he was sick.

Do you know how to play a violin?

→ Do you know how to play the violin?

아이들이 글쓰기를 할 때 많이 실수하는 유형들이다. 문법의 정확도는 미세하게 떨어지지만 말하고자 하는 생각을 정확한 문장 구조에 맞춰서 전달하는 것이 첫 번째이기 때문에 처음부터 문법 실수에 집중할 필요는 없다. 그리고 문법적인 접근은 언어가 뇌에 통으로 자리를 잡는 데에 방해가 된다.

우리는 이미 우리 생활 속에 너무나 많은 영어를 친숙하게 접하고 있다. 전 세계 아이들을 열광하게 만들었던 마법의 문장 'let it go'이다.

- Let it go.

- Let me go.

- Let me try.

- Let me eat this.

- Let me read this book today.

'Let it go'라는 표현은 아이들이 너무나 정확하게 안다. 여기서 조금씩 변형을 주어서 아이들이 표현 자체를 통으로 친숙하게 쓰게 만드는 것이 목적이다. 하지만 이 단계에서 "let는 사역동사니까 동사 앞에 to가 안 붙고 목적어는 그 중간에 들어가는 거야."라고 설명을 하면 아이들은 혼란에 빠진다. 그리고 금세 영어에 흥미를 잃고 문법적인 실수를 하지 않을까에 집중하게 된다.

그래서 처음에 영어를 문법적으로 접근하는 것은 어린아이들에게는 효율적이지 않다고 이야기를 한 것이다. 하지만 초등학교 5학년 정도 되면 이미 언어 발달이 80% 이상은 되어 있는 상태이다. 그동안 꾸준한 모국어 공부와 영어 공부로 기본 틀이 튼튼하게 설계가 되어 있다. 그림으로 따지면 밑그림 완성이 되어 있는 시기이다. 밑그림이 다 완성이 되면 우리는 예쁜 물감으로 색칠을 한다. 이 작업이 언어에서는 문법을 다지는 작업이다.

B는 언어적인 감각이 아주 뛰어난 아이는 아니었다. 영어로든 한국어로든 책을 많이 읽지 않았던 아이라서 영어로 된 지문을 이해하는 것에 어려움을 겪었다. 그래서 B의 엄마에게 꾸준히 국어 공부를 할 것을 강

력하게 추천했다. 1년 정도 영어와 국어를 병행하여 열심히 공부하며 어휘를 쌓았다. 그리고 B가 5학년이 되었을 때 B는 드디어 응용을 하여 어휘를 쓰기 시작하였다. B의 글쓰기에 문장력이 더해지고 있을 때쯤 나는 B의 수업에 문법을 추가했다. 수학의 원리를 알아가는 것처럼 문법을 정확하게 알고 있으면 올바른 표현을 어떻게 써야 하는지를 알 수 있다는 장점이 있다. 이미 문장의 기본 토대가 만들어진 상태에서 올바른 표현의 원리까지 알게 된다면 아이들은 조금 더 편안하고 개운한 기분을 느낀다. 더 이상 들은 대로 말하고 본 대로 쓰는 것 이상의 결과를 낼 수 있기 때문이다.

I saw Tom crying on the street.

이 문장이 I saw Tom (who was) crying on the street에서 (who was) 가 생략되어 만들어진 것이라는 정확한 구조를 알면 다른 표현으로도 응용을 할 수가 있다.

어린아이들에게 처음부터 문법으로 접근을 하는 것은 효과적인 영어 교육이 아니다. 재미도 없고 흥미를 잃기 쉬운 방법이기 때문이다. 하지만 아이에게 어느 정도의 문장력과 어휘력이 쌓여 있을 때쯤에 문법을 한번 짚어주는 것은 아이의 영어에 날개를 달아주는 일이다. 어휘의 구조와 원리를 정확하게 알고 나면 아이들은 더 이상 들은 대로 말하고 본 대로 쓰는 데서만 그치지 않게 되기 때문이다.

문법이 체계적으로 잡히게 되면 우리 아이 영어는 더 탄탄해지게 된다. 현실적으로 아이가 성적을 받아야 할 학교 문법 시험 그리고 수능 영어도 마냥 간과를 할 수는 없다. 그렇기에 아이의 영어에 숨을 불어넣어 주기 위해서 한 번쯤은 꼭 문법 정리를 할 필요가 있다.

영어 단어가
잘 외워지는 법칙

영어 단어 외우기는 참 지루해 보이는 작업이다.

"우리 아이는 영어 단어를 외우기를 너무 힘들어해요. 어떻게 하면 좋을까요?"

암기는 자신과의 싸움이다. 그리고 훈련이다. 암기는 꾸준해야 한다. 꾸준함을 이기는 훈련은 없다.

"아이가 어떻게 하면 영어에 흥미를 가지며 공부를 할까요?"

"아이가 어떻게 하면 재미있게 공부를 할까요?"

흥미와 재미 그리고 교육은 안 어울리는 듯하면서도 어울리는 듯하다. 모든 아이들이 흥미와 재미를 갖고 의욕적으로 배움에 달려들지는 않는다. 그렇다면 어떻게 해야 할까?

우리는 이 똑같은 과정을 수학을 배우면서도 겪는다. 바로 구구단이다. 처음 보는 구구단을 염불 외우듯 줄줄줄 외워야만 곱셈도 하고 나눗셈도 하게 된다. 이것을 외우는 데 특별한 비법은 없다. 그저 그냥 외워야만 한다. 암기는 모든 공부의 기초이다. 기본 지식이 들어가야 응용을 하면서 창의력과 사고력이 키워지는 것이다. 기본 없는 공부는 모래성에 집을 쌓은 것처럼 금방 무너진다. 기초를 탄탄하게 다져놓은 공부가 진짜다.

단어가 모여서 문장이 되고 문장이 모여서 문단을 만든다. 영어 교육에서 가장 기초 단계는 단어 공부에 있다. 그렇다면 아이들이 보다 쉽게 단어를 공부하기 위해서는 어떻게 할까?

1) 단어와 문장을 통으로 외우기

arrive - 도착하다 to get to the place where you are going

I started to run as I arrived at school.

Unless - ~하지 않으면 if not

Unless you clean your room, you cannot go out to play soccer with your friends tomorrow.

단어와 뜻이 빼곡히 적힌 종이만 봐도 지루해하며 흥미를 보이지 않는 아이들이 있다. 그렇다면 문장을 함께 읽고 말하며 계속 입에 붙이는 훈련을 하면 자연스레 영어로 말하기도 늘게 된다. 또 문장을 따라 써보면 그것은 영어 라이팅으로 이어지게 된다. 영어 문장을 통으로 습득을 하면 단어를 스토리텔링으로 연상을 시킬 수 있게 된다. 이렇게 상황과 문맥을 익히면서 단어 공부를 하는 것이 효과적이다.

2) 정확한 뜻을 알기

"뜻을 외울 때 한국말로 외워야 하나요? 영어로 외워야 하나요?"

영어 단어 뜻을 외울 때 어느 언어로 외우든 큰 상관은 없다. 정확한 뜻을 알고 있는 것이 중요하다. 어려서부터 영어 교육을 받은 아이들은 영어로 설명된 뜻을 읽고 이해하는 것에 익숙하다. 단어를 외울 때 영어로 뜻을 외우면 영어적 사고를 익히는 데에 도움이 된다. 하지만 이러한 과정 속에서 단어의 정확한 뉘앙스와 뜻을 놓치게 될 수도 있다. 그래서 한국말 뜻도 함께 익히는 것이 좀 더 확실한 뜻을 외우는 데에 도움이 된다. 아이에게 영어와 한국말 뜻을 모두 접하게 하는 것이 좋다. 그리고 나서 정확한 뜻을 알고 난 후 아이가 어떤 언어로 외우는 것은 크게 상관 없다. 정확한 뜻을 아는 것이 중요하기 때문이다.

3) 단어를 시각화하며 습득하기

정보를 시각화하여 습득을 하는 대표적인 방법 중 하나는 플래시 카드 (flash card)를 이용하여 단어를 외우는 것이다. 아이들이 단어를 외우는 것처럼 느껴지게 하는 것은 단어 리스트를 보고 순서대로 무작정 외우는 것이다. 자연스럽게 순서를 익혀서 혼자 스스로 순서대로 테스트를 할 때는 생각이 나지만 순서를 섞으면 단어 뜻이 전혀 생각나지 않게 된다. 단어를 외우는 것도 요령이 필요하다. 그중에서 연상기법이 아이들에게 효과적이다. 특히 단어 글자를 시각화하여 통으로 집어넣으면 저장된 정보는 더 오래 유지가 된다. 직접 카드를 만들어서 외우거나 quizlet.com

이라는 사이트를 이용하여 단어를 외우는 것도 도움이 된다. 단어의 스펠링, 뜻, 색깔, 모양 등을 하나로 묶어 통으로 시각화하여 단어를 전체적으로 습득하는 연습을 해보자.

4) 꾸준히 반복하는 습관을 들이기

세 살 버릇 여든까지 간다는 말이 있다. 이렇기에 좋은 습관을 들이는 것은 매우 중요하다. 좋은 습관을 들이기 위해서는 꾸준히 노력을 하는 인내심이 필수이다.

"심리학자들은 '소위 인내심과 끈기란 긴 시간 동안 단순하고도 따분하지만 의미 있는 고된 일상의 축적에 기꺼이 몰입하는 것'이라고 말한다."

– 리잉, 『성공이 보이는 심리학』

스마트 시대에 익숙해진 아이들은 빠른 결과를 단숨에 내기를 원한다. 지루하면 싫증 내고 빠르게 결과가 나오지 않으면 초조해하기도 한다. 그럴수록 참을성과 끈기 있는 아이들이 더욱더 가치를 발휘하게 된다. 세상에 빛을 밝히기 위해 끊임없이 시도한 에디슨, 어릴 때부터 아버지에게 혹독한 피아노 레슨을 받으며 견뎌온 모차르트, 함부르크에서 고된 훈련을 견뎌온 비틀즈 등 성취를 한 사람들은 끈기와 인내하며 묵묵히 가고자 하는 길을 걸었다.

단어 외우기는 우리 아이들에게 끈기와 인내심을 기르며 동시에 성취를 즐기게 하는 작업이다. 정해진 단어 수를 아이가 스스로 외우며 자기 주도적으로 지식을 습득하는 법을 터득한다.

그 후에 테스트를 통해서 얼마큼 성취했는지 결과를 채점을 통해서 쉽고 빠르게 알 수 있는 장점이 있다. 단어 테스트 점수만을 너무 중요시 여기는 것은 좋지 않다. 하지만 단어 외우기는 아이들에게 영어 그 이상의 효과를 가져다준다. 단어를 외우는 과정을 통하여 우리 아이는 단순 영어 어휘뿐 아니라 끈기와 인내심을 가지고 자기 주도적 학습을 할 수 있게 되기 때문이다.

5) 적당히 받는 스트레스를 성취로 변화시키기

엄마들은 아이가 학업을 하며 스트레스를 받아 하는 것 같을 때 걱정과 불안이 앞선다. 정답이 없는 우리 아이 교육에 내가 혹시 아이를 너무 무리하게 시키는 것은 아닌지 흔들리게 된다.

단어를 처음에 외울 때 아이가 부담스럽지 않는 수준과 양으로 접근을 하여 차차 늘리는 것이 좋다. 처음부터 너무 한꺼번에 많이 어려운 단어를 외우고자 의욕적으로 시작을 한다면 의욕은 점차 상실이 될 것이다. 시작은 10개, 20개, 25개, 30개 이렇게 차차 늘려서 아이에게 할 수 있는 도전을 경험하게 하는 것이 효과적이다.

많은 스트레스는 모든 사람들에게 독이 된다. 하지만 적당한 스트레스는 오히려 동기 부여가 된다. 단어 공부는 영어 교육에 필수 조건이다. 어렵고 지루하고 하기 싫어서 피하기만 하면 어휘는 절대로 늘지 않는다. 불편함에 내성을 기르며 이겨내는 연습도 마치 연단을 다지는 것처럼 우리 아이가 강해지기 위한 과정이다.

때로는 하기 싫은 일도 해야 할 때가 있다. 달콤한 맛만 찾아다니는 것은 아이가 강해질 수 있는 기회를 잃어버리는 것이다. 적당한 스트레스는 우리 아이에게 도움이 된다.

"고통이 모든 사람의 삶에 자리한다는 사실을 이해하는 사람들은 더 행복하고 회복력이 더 크며 삶에 더 만족할 줄 안다. 이들은 자신이 겪는 어려움을 한층 솔직하게 터놓고 다른 사람들의 도움을 잘 받아들일 가능성이 크다. 또한 역경에서 의미를 발견할 가능성이 크며 직장에서 심신이 완전히 지칠 가능성이 적다."

– 켈리 맥고니걸, 『스트레스의 힘』

ENGLISH SECRET NOTE

5장

틀 밖에서 배우는
영어가 진짜다

01

틀에 가두면 날지 못하는
새가 된다

서커스단에서는 훈련을 위해 아기 코끼리 다리에 쇠사슬로 묶어둔다. 아기 코끼리가 아무리 발버둥을 쳐도 쇠사슬에서 자유로울 수 없다. 발버둥을 치면 칠수록 더 괴로워진다. 그러면 아기 코끼리는 좌절을 하고 낙심하여 '나는 안 되는구나.'라며 포기하게 된다. 쇠사슬에 묶인 채 길이 들여진 아기 코끼리는 나중에 성인 코끼리가 되어 쇠사슬을 끊을 수 있는 힘이 생겨도 끊으려는 시도조차 하지 않게 된다. 더 놀라운 것은 쇠사슬로 묶지 않고 코끼리를 풀어놓아도 스스로 한계를 정해놓은 코끼리는 여전히 그 주변만 맴돌 뿐이다. 이것이 '코끼리 쇠사슬 증후군'이다.

영어 교육에서 가장 중요한 것은 아이가 영어를 열린 마음으로 받아들이는 데에 있다. 아이가 영어를 편안하게 접하기 위해서 엄마는 걱정과 불안을 내려놓아야 한다.

"우리 아이는 영어 유치원을 나오지 않았는데⋯."
"벌써 다른 아이는 리딩 레벨이 높은 책을 읽던데⋯."
"우리 아이는 영어 단어 시험을 왜 이렇게 못 보지?"
"우리 아이는 언제쯤 스피킹이 늘 수 있을까?"

이런 엄마의 걱정은 아이를 영어로부터 멀어지게 한다. 우리 아이들은 생각보다 예민하고 눈치가 빨라서 엄마가 어떤 것을 원하는지 잘 파악한다. 영어 단어 시험을 못 보면 어떤 아이들은 엄마한테 혼날까 봐 걱정을 한다. 시험을 못 보는데 이것이 혼이 나야 할 일은 아닌데 말이다.

반면에 어떤 아이들은 자신이 열심히 공부를 했는데 생각이 나지 않아서 답을 못 쓴 것에 대하여 아쉬워한다. 엄마에게 혼이 나지 않고 엄마를 기쁘게 하기 위해서 영어를 공부하는 아이와 자신이 주도적으로 열심히 하는 아이 중에 어떤 아이에게 교육의 효과가 더 잘 나타날까?

그렇다면 많은 이들이 반문을 할 것이다. 억지로라도 시켜야 하는 것 아닌가 혼란스러울 수도 있다. 물론 아이에게 무조건적으로 맞춰서 오냐오냐 하고 싶은 대로만 하게 교육을 시키는 것은 좋지 않다. 아이와 밀당을 하기란 참 어려운 작업이다. 하지만 그래도 반드시 해야 하는 작업임에는 틀림이 없다. 우리 아이 교육은 엄마가 정해놓은 기대치와 목표치라는 틀에 아이를 가두고 억지로 끌어올리는 것이 아니다. 배움이 마냥 즐겁기만 할 수는 없다. 인내와 끈기도 필요하다. 또 아이가 흥미도 있어야 한다. 이 사이에서 엄마는 현명하게 아이와 밀당을 해주어야 한다.

아이와의 밀당을 잘하기 위해서는 엄마는 중심을 잡아야 한다. 엄마가 중심을 잡지 않고 휘둘리지 말아야 한다. 눈에 보이는 영어 점수와 리딩 레벨이 전부가 아니다. 동양인들은 사람을 개개인보다는 그룹으로 묶어서 판단을 하는 데 더 익숙하다. 많은 동양인들이 혈액형별 특징이나 MBTI에 관심을 갖고 열광하는 이유이다. 개인주의보다는 집단주의에 더 익숙한 동양인들은 나만의 길을 가는 것에 두려움을 느낀다. 동네 아이들이 영어 유치원을 가면 왠지 내 아이도 보내야 할 것 같은 느낌이 든다. 주변 아이들이 영어로 된 원서를 줄줄 읽으면서 토론 수업을 즐겁게 하면 당장 그 수업을 내 아이도 듣게 하고 싶은 마음이 든다. 하지만 이런 것들은 우리 아이들 영어 교육에 전혀 도움이 되지 않는다.

만일 엄마의 걱정과 불안이 우리 아이 교육에 도움이 된다면 많은 전문가들은 너도나도 목소리를 높여 불안해도 괜찮다고 이야기할 것이다. 많은 육아서와 교육 지침서에서 엄마의 불안은 아이의 배움에 도움이 되지 않는다고 강조한다. 특히 우리 아이가 어린 초등학생일수록 더욱 그렇다. 아이에게 엄마는 세상을 바라보는 창문이다.

"야. 내일 눈 온대!"
"아니야. 우리 엄마가 눈 안 온다고 했어!"

귀여우면서도 아이들이 엄마를 얼마나 깊게 신뢰하는지를 알 수 있는 대화이다. 아이들에게 엄마가 하는 모든 말은 절대적 진리요 믿음이다. 그렇기에 엄마가 영어를 불안한 시선으로 본다면 아이 또한 영어가 불편할 수밖에 없다.

대한민국에서 아이를 키우는 모든 엄마들에게 영어 교육은 가장 어려운 숙제이다. 유학을 다녀와 영어를 잘하는 엄마도, 영어가 편하지 않은 엄마에게도 우리 아이 영어 교육은 참 어렵다. 그 이유는 두 가지이다.

1) 영어 교육에는 정답이 없다.

정말 영어 교육에는 정답이 없다. 말 그대로 '애바애'(아이 by 아이)이다. 어떤 아이는 조금 더 효과를 빠르고 많이 볼 수도 있고 또 어떤 아이는 효과가 조금 늦게 나타날 수도 있다. 그렇다면 엄마들은 왜 걱정을 하는 것일까? 우리 아이가 받는 모든 영어 교육의 선택은 엄마가 하기 때문이다. 영어 교육은 엄마의 선택의 연속이다.

영어 유치원을 보내야 할 것인가, 말 것인가.

영어 노출은 언제부터 시켜줘야 할 것인가.

영어 학원은 대형 학원을 보내야 할까 소규모 학원을 보내야 할까.

영어책은 어떤 것을 읽혀야 하는 것일까.

우리 아이가 받게 될 영어 교육은 하나에서 열까지 엄마의 선택으로 이루어진다. 혹시나 엄마의 잘못된 선택으로 인하여 우리 아이가 효과적인 교육을 받지 못하게 되는 것은 아닐까 걱정스럽다. 그리고 혹시라도 엄마가 놓치고 있는 것은 아닐지 불안하다. 그러다 보니 계속 주변에 영어 교육에 있어서 상의를 하고 물어보지만 속 시원히 뾰족하게 듣는 것은 없다. 왜냐하면 원래 영어 교육에는 정답이 없기 때문이다. 단순 내신 성적 또는 수능 영어 시험을 잘 보는 데에는 좀 더 빠르고 효율적으로 습득하는 방법이 있다. 하지만 엄마들이 초등 영어 아웃풋으로 기대하는 말하기와 글쓰기는 아이의 성향과 떼려야 뗄 수가 없는 관계이다. 그래서 우리 아이의 성향에 잘 맞는 방법으로 엄마가 중심을 갖고 방향성을 안내해주는 것이 엄마의 역할이다.

2) 영어 공부는 아이가 하는 것이다.

우리 아이 영어 공부를 시키다 보면 차라리 그냥 엄마가 직접 하는 거였으면 더 쉬웠겠다는 생각이 많이 든다. 또 엄마 입장에서 이렇게 기본적이고 쉬운 것을 모르는 우리 아이를 보면 살짝 답답하고 걱정스러운 마음이 드는 것도 사실이다. 하지만 그렇다고 아이를 틀에 가두며 부담감을 주어서는 안 된다. 그것은 아이에게 도움이 될 것이 전혀 없기 때문이다. 아이에게 운전대를 맡긴 이상 아이를 믿어줘야 한다. 아이의 영어 자신감을 키우는 것이 먼저이다. 우리 아이들은 누구나 다 영어를 잘 할 수 있는 잠재력이 있다. 아이의 잠재력을 믿고 꾸준히 올바른 방향으로 인도를 해주는 것이 엄마의 역할이다.

"아이에게 물고기를 잡아주어라. 그러면 한 끼를 배부르게 먹을 것이다. 아이에게 물고기 잡는 법을 가르쳐주어라. 그러면 평생 배부르게 먹고살 수 있을 것이다."

− 『탈무드』

속도보다 방향이
중요하다

조금 더 빨리, 조금 더 남보다 더 많이!

대한민국의 교육열은 정말 경쟁적이다. 그중에서도 교육열이 가장 뜨겁다는 대치동은 과연 어떨까? 대치동은 특징상 교육을 최우선으로 둔 사람들이 모여 있는 동네이다. 대치동 키즈로 자라서 대치동 사교육 시장에서 강사로 10년 넘게 일하며 느낀 것은 단편적인 부분만 집중 조명을 하여 대치동 전체를 부정적으로만 비추는 것이 조금은 안타까운 마음이 들기도 한다.

극성스럽게만 보이는 대한민국 어머니들의 헌신과 희생이 오늘날 성장된 대한민국을 만들었다고 해도 과언이 아니다. '서울에서 살아남으면 전 세계에서 살아남는다'와 '밤을 잊은 대한민국'이라는 말처럼 우리 모두는 정말 열심히 살았다. 이렇게 열심히 사는 모습을 단순 엄마의 극성으로만 치부할 것은 아닐 것이다. 대치동의 아이들도 정말 열심히 사는 아이들이다. 학생 신분에 맞게 각자의 자리와 위치에서 열심히 배우고 있다.

2014년도 내가 영어 유치원에서 근무했을 때를 기준으로 현재 대치동 초등 영어의 일반적인 수준은 상향 평준화가 되었다. 대부분의 영어 유치원 3년 차들은 미국 교과서 2.1점대로 졸업으로 했었는데 요즘은 3점대로 졸업을 한다. 소위 상위권이라고 불리는 아이들은 초등학교 1학년을 3점대로 출발을 한다. 1년에서 1.5년 정도가 빨라졌다.

이 아이들의 리딩 레벨은 4~5점대이다. 요 몇 년 사이 영어 유치원이 좀 더 대중화가 되었고 영어 유치원을 나오지 않은 아이들의 영어 노출 시기도 빨라진 것도 사실이다. 우리 아이가 남보다 뒤처지지 않게 교육을 시키고 싶은 엄마들의 열정이 반영된 결과이다.

여기서 놀라운 것은 아이들이 그에 맞춰 습득을 하는 것이었다. 생각보다 아이들의 잠재적인 능력은 무궁무진하다는 것을 한 번 더 깨닫게 되는 계기였다. 이렇게 습득된 영어가 초등에도 잘 유지가 되어서 우리 아이들이 보다 편안하게 이중 언어를 구사할 수 있게 하는 것이 현장의 모든 강사들과 엄마들의 바람일 것이다.

하지만 우리 아이만 늦는 것 같은 불안감에 휩싸일 필요는 없다. 영어 교육은 길게 보아야 한다. 그리고 지금 현재의 영어 교육이 평생을 좌지우지하는 것은 아니다. 영어 교육에서 영어 습득만큼 중요한 것은 유지이다. 초등학교를 다니다 보면 자연스레 아이들은 한국어에 노출이 더 많이 된다. 더 노출이 많은 언어가 발달이 더 많이 이루어지는 것은 너무나도 당연한 결과이다. 그렇기 때문에 배운 영어 습득을 유지시키는 데 꾸준히 노력을 해야 한다.

영어 교육에 지름길은 없다. 묵묵히 꾸준히 양동이에 한 방울 한 방울 물을 채우다 보면 어느새 우리 아이의 영어 실력은 늘어 있을 것이다. 영어 교육은 단거리가 아닌 장거리 달리기라는 것을 늘 잊지 않고 있어야 한다.

미국 심리학자 앤더스 에릭슨은 어떤 분야에서 전문적인 지식이나 실력을 쌓기 위해서는 최소한 1만 시간 정도의 연습과 훈련이 필요하다고 이야기했다. 세계적인 밴드 비틀즈의 성공 신화는 너무나도 유명하다. 비틀즈를 세계적인 밴드로 만든 것은 그들이 함부르크에 있었을 때의 연습량이었다. 1960년 5월, 아직 비틀즈라는 이름의 밴드가 탄생하기 전, 4명의 소년 앞에 '자카란다 클럽'을 운영하던 앨런 윌리엄스가 나타났다. 그는 그들을 독일 함부르크로 데려갔다. 함부르크 행에 오르기 위해 4명의 소년은 학교를 그만두고 음악에 자신의 열정을 쏟아붓게 된다. 하지만 함부르크에서 그들의 삶은 순탄하지만은 않았다. 하루 최소 6시간 연주를 하고 노래를 해야 했다. 가끔은 술 취한 취객들과 싸우기도 했지만 이 고된 지옥훈련의 시간이 있었기 때문에 그들은 더욱더 단단해질 수 있었다. 수많은 라이브 공연을 통해서 관중이 무엇을 원하는지 알게 되었다. 끝없는 연습과 경험을 통해서 비틀즈는 자신만의 색깔을 맞추며 무대에서 하나가 되어 관객들과 소통하는 법을 익혔다. 이것이 세계적인 밴드 비틀즈의 시작이다.

우리 아이 영어 교육도 마찬가지이다. 꾸준하고 묵묵히 영어 습득을 멈추지 않는 것이 중요하다. 영어 교육에 지름길이란 없다. 급하게 먹는

밥이 체하듯, 오히려 서둘러 가려다가 넘어질 수가 있다. 차근차근 한 걸음 한 걸음씩 꾸준히 나아가는 것이 우리 아이 영어 교육의 핵심이 되어야 한다.

03

영어 교육의 패러다임이
바뀌고 있다

전 세계를 공포에 떨게 한 중국 우한에서 시작된 코로나 바이러스는 우리의 일상을 바꾸어놓았다. 우리의 일상이 비대면 시대에 한 걸음 더 다가설 수 있도록 촉매 역할을 하였다. 그중에 가장 드라마틱한 변화는 단연 아이들 학교생활의 정지일 것이다. 아이들이 등교를 하지 않고 집에서 온라인으로 수업을 듣는다는 것은 예전 공상과학(science fiction) 영화에나 나올 법한 이야기였다. 처음에는 배우는 아이도 가르치는 선생님들도 낯선 교육 환경에 우왕좌왕하였겠지만, 인간은 적응하며 사는 동물이라고 했던가? 코로나 2년 차, 어느덧 우리 아이들은 온라인 수업에도 익숙해지고 있다. 꼭 직접 가서 배워야만 한다는 배움의 고정 관념을 무너뜨린 셈이다.

비대면 시대로 우리의 생활이 변한다 하더라도 교육 현장은 가장 끝까지 대면 활동을 유지할 것이다. 분명 현장에서 배울 때의 집중도라는 것을 무시할 수는 없다. 하지만 어쩔 수 없이 비대면 교육을 해야 하는 상황이라면 온라인 수업은 탁월한 대체 방법이다.

코로나 전인 불과 2년 전까지는 배우기 위해서는 직접 가야 했다. 스마트폰 이후에 발달된 과학 기술은 이미 준비가 되었지만 사람들은 비대면 시대에 마음을 열지 않았다. 영어를 배우기 위해서는 영어권 나라에 직접 가서 배우고, 학교 수업을 듣기 위해서는 직접 학교에 가는 등 발로 직접 뛰어서 배움의 기회를 얻었다. 직접 현장에서 이루어지는 교육은 단순 지식뿐 아니라 살아 있는 경험을 할 수 있다는 장점이 있다.

하지만 이런 세계적인 비상사태에 아이가 직접 가지 않고도 집에서 여러 가지 배움을 멈추지 않고 계속해서 할 수 있다는 것은 정말 경이로운 일이다. 발전된 과학 기술에 깊은 감사를 보낸다. 원어민 선생님과의 온라인 수업, 온라인 국제학교 등 많은 수업들이 아이의 방으로 찾아가고 있다. 굳이 어학연수를 가지 않아도, 대치동으로 오지 않아도, 직접 가지 않아도 그 현장에 있는 강사들에게 질 좋은 수업을 받을 수 있는 것이다. 아이들의 배움의 선택지는 점점 더 넓어지고 있다.

과학 기술은 우리 아이들이 영어 교육을 조금 더 재밌고 편안하게 할 수 있도록 문을 열어주었다. 언어 교육은 듣고 보는 만큼, 즉 경험한 만큼 효과가 있다. 직접 영어권 나라에 가지 않아도 집에서 영어 노출을 할 수 있는 방법은 무궁무진하다. 넷플릭스, 디즈니 플러스, 유튜브 등 정말 다양한 콘텐츠를 통하여 아이들이 재미있게 살아 있는 영어를 접할 수 있는 것이다.

그렇다면 이 콘텐츠들을 어떻게 활용을 하는 것이 좋을까?

우리가 미국 드라마 한 작품을 정주행한다고 해서 영어가 늘지는 않는다. 하지만 멀티미디어는 분명 어학 공부에 아주 귀중한 도구임은 틀림없다. 그렇다면 미국 드라마를 통해 영어를 배우는 사람과 그렇지 않은 사람은 어떻게 다를까?

미드를 통하여 영어 공부를 하는 사람은 언어 습득이 먼저이다. 이들은 미드를 편안하고 재미있게 보는 시간으로만 그치지 않고 언어를 습득하는 데 신경을 집중한다. 드라마를 보다가 잘 들리지 않는 부분, 혹은 궁금한 표현 등을 돌아가서 다시 듣고 적고 따라 해본다. 만일 이 과정이 미드를 즐기는 데 방해가 많이 된다면 먼저 드라마를 즐기고 몇 번을 다시 보며 반복 훈련하는 과정을 거친다. 모든 표현을 일일이 다 체크를 하다 보면 드라마 자체에 진도가 안 나갈 수 있다. 그렇다면 지루해지고 재미없고 마치 드라마 보는 일이 숙제처럼 느껴져 부담스럽게 된다.

우리 아이들은 아직 초등학생이므로 어른 만큼의 내적 동기가 강하지 않을 수가 있다. 그래서 우리 아이와 함께 즐겨 보거나 아니면 아이에게 한 번 보여주고 난 후 아이가 다시 반복을 하면서 '들은 표현 10가지 쓰기' 이렇게 일지를 기록해가면서 멀티미디어를 활용하는 것도 효과적이다.

K는 여느 아이들처럼 해리포터의 광팬이었다. 해리포터 시리즈 책을 마르고 닳도록 보았다. K의 엄마는 K가 해리포터 책만 본다며 걱정을 하였다. K는 해리포터 전 시리즈를 8번 정도 읽었다고 이야기했다. 부분적

으로 반복해서 읽은 것까지 포함하면 아마 훨씬 더 많이 읽었을 것이다. 그리고 K는 꾸준히 끊임없이 해리포터 영화를 접했다. 걸어다닐 때는 해리포터 audio book을 즐겨 들었다. 우리가 같은 노래를 계속 반복해서 들으면 결국 그 노래를 외워서 부르게 되는 것처럼, K는 해리포터 책을 외워서 말할 수 있을 때까지 무한 반복하여 들은 셈이다.

K는 어학연수 한 번 다녀오지 않은 순수 국내파였다. 하지만 살다 왔나는 소리를 들을 정도로 영어를 거침없이 잘했다. K의 어휘 수준도 자신의 나이보다 높은 미국 현지 6학년 정도의 언어를 구사했다. K는 영어 유치원 3년 차로 졸업을 했다. 그 후에 Top 3 중 한 학원을 다니며 영어 공부를 이어오고 있었다. 이것만이 K의 비결은 아니다. 그렇다면 비결은 무엇이었을까?

1. 영어에 대한 열정

2. 꾸준함

3. 강한 모국어의 뒷받침

K는 영어를 좋아했다. 좋아하고 잘하고 싶어 했다. 그리고 K는 해리포

터를 진심으로 즐겼다. 영어 공부를 하려고 해리포터를 봤다면 아마 이렇게까지 열정을 쏟아붓지는 못하였을 것이다. 숙제처럼 느껴지고 부담이 갔을 것이기 때문이다. 하지만 K의 해리포터에 대한 흥미와 영어에 대한 열린 마음이 시너지를 일으켜 긍정적인 효과를 만든 것이다. 같은 것을 하더라도 주도적으로 흥미를 가지고 하면 꾸준히 하게 된다. 이것이 내적 동기의 힘이다. 하지만 잘해야 한다는 부담감에 스트레스로 다가오면 아직 어린 우리 아이들은 쉽게 지치고 만다. 그렇기에 영어에서도 쉬어가는 장소가 필요하다. K는 그것이 해리포터였던 것이다. 그리고 K가 점점 학년이 높아지며 모국어가 더욱 탄탄해지면서 해리포터의 어려운 어휘도 익숙하게 습득할 수 있었던 것이다.

사실 K처럼 하면 전국 어디에서도 영어를 즐겁게 배우면서 유창하게 할 수 있을 것이다. 이처럼 영어 교육의 기회는 지금 우리 곁에 늘 가까이 있다. 단지 우리가 무심코 지나치며 그 기회를 잡지 않는 것뿐이다.

요즘의 많은 엄마들은 영어다운 영어, 흔히 말하는 요즘 영어를 아이들에게 교육시키고 싶어 한다. 예전처럼 시험 점수에 연연하는 영어보다는 아이에게 살아 있는 영어를 가르쳐주고 싶어 한다. 단순 학교 내신 영어 성적이 우리 아이의 영어 실력을 전부 다 나타내지 않는 것도 잘 알고 있다. 그리고 예전과 달리 우리 아이의 인생 전체를 생각하며 교육을 시키는 엄마들이 점점 많아지고 있다. 단지 대학만 들어가면 뭐든지 다 해결이 되었던 예전과는 다르기 때문이다. 더 이상 대학이 인생의 목표가 아니라는 것을 요즘 엄마들은 너무나도 잘 안다. 더 이상 우리 아이들이 살게 될 세상은 '공부 열심히 해서 좋은 대학 가서 좋은 직장에 다녀서 돈 많이 벌면 행복한' 세상이 아니기 때문이다.

변화하는 세상에 함께 발맞추어 가야 하고 그러기 위해서는 끝없이 배우고 자기계발을 통하여 스스로를 성장시킬 수 있는 힘을 교육을 통하여 길러주고 싶어 한다. 그중에 영어 교육은 한 가지라는 것을 요즘 대치동 엄마들은 잘 알고 있다. 더 이상 평생 안정적인 직장이라는 개념은 점점 더 사라지게 될지도 모른다. 코로나로 2년 만에 세상이 변했듯이 앞으로 어떠한 과학 기술이 또는 앞으로 어떤 상황에 세상은 변할지 모른다.

이렇게 급변하는 세상 속에서 살아남는 힘을 갖는 것이 우리 아이들이 갖추어야 할 경쟁력이다. K는 어떠한 교육 기관 또는 학원에서도 가르쳐 주지 않는 것을 스스로의 힘으로 터득하였다. 좋아하는 것에 몰두를 했

고, 꾸준히 했다. 그리고 주어진 상황에서의 공부를 열심히 했다. 이것이

요즘 영어를 습득하는 비결이다.

04

· —————— ·

결국,
영어다

"Where are you from?"

"I am from Korea."

"Where? Korea? China?"

"No. Korea."

"Japan?"

"No. It's Korea."

2000년대 초반만 해도 대한민국에서 왔다고 하면 도대체 어디서 온 거냐는 표정을 짓는 사람들이 많았다. 물론 당시에도 이미 아시아에서는 한류 열풍이 불어서 해외에 나가면 일본이나 대만, 홍콩 친구들이 한국의 재밌는 드라마나 인기 있는 가수 근황에 대해 묻곤 했었다. 하지만 여전히 유럽이나 미국 친구들에게 한국은 어디에 위치해 있는지도 모르는 미지의 나라였다. 싸이가 〈강남스타일〉로 대박을 터뜨리고 나서, 한류 열풍이 점점 거세지면서 대한민국을 설명하기가 점점 더 쉬워졌다. 한류 문화 콘텐츠는 그 후로도 무섭게 성장하여 K-pop뿐 아니라 드라마, 영화, 음식 등 다양한 분야에서 세계로 뻗어나갔다.

BTS가 빌보드 차트에서 1위를 하고 영화 〈기생충〉, 윤여정이 오스카를 받으며 한국 문화의 위상은 점점 위로 올라갔다.

"참 너희는 좋은 시절에 미국에서 학교 다닌다."

유학을 하고 있는 나의 학생들에게 우스갯소리로 이야기하곤 한다. BTS 춤 한번 추면 바로 인싸가 되는 세상이니 말이다.

어릴 적부터 나는 컴퓨터를 곧잘 다루었다. 도스(DOS) 컴퓨터가 집에

한 대 있었는데 나는 이 신기한 기계에 관심이 많았다. 그래서 DOS 언어를 배우게 되었고 배운지 얼마 지나지 않아 Windows 95의 등장으로 나의 배움은 쓸모없어져버렸다.

우리는 늘 이렇게 격변하는 세상에 적응하면서 살아왔다. 지난 20년간 핸드폰의 진화를 보면 정말 인간의 위대한 기술력과 창의력에 경의를 표하지 않을 수가 없다. 앞으로 기술과 기계는 어떻게 급변할지 모른다. 어릴 적에 힘들게 배웠던 도스 언어가 윈도우 95의 등장으로 한순간에 쓸모가 없어진 것처럼, 스마트폰의 등장으로 더 이상 예전처럼 다양한 디자인의 개성 있는 핸드폰을 볼 수 없게 된 것처럼, 기계는 한순간에 우리를 새로운 세상으로 끌고 간다.

하지만 인류의 역사는 다르다. 가끔 학생들이 묻곤 한다.

"영어는 왜 배워야 하나요?"
"한국 사람이 한국말만 잘하면 안 되나요? 왜 굳이 영어를 잘해야 하나요?"
"이 다음에 번역기가 더 발달할 텐데 영어를 굳이 배워야 하나요?"

나의 대답은 언제나 같다.

"영어는 꼭 배워야 한다."

우리 아이들이 살아갈 세상은 우리가 알아오던 세상과는 많이 다를 것이다. 인터넷의 발전과 스마트폰의 등장으로 지구 반대편 소식을 간편한 클릭 한 번으로 접할 수 있게 되었다. 거기에 코로나라는 전염병은 우리를 좀 더 적극적인 비대면 시대로 이끌었다.

미국에 직접 가지 않아도 미국 친구들을 사귈 수 있고, 유럽에 직접 가지 않고도 유럽 문화를 미디어를 통해 간접적으로 체험할 수 있다. 요즘 한참 많은 기업들이 개발에 관심이 있는 메타 버스의 등장은 우리를 또 어떠한 세상으로 안내할지 모른다.

이렇게 급박하게 변화하는 시대일수록 우리는 중심에 기준을 두어야 한다. 가장 고전적이면서 절대 없어지지 않는 것은 인류의 언어이다.

그중에서도 영어는 세계에서 가장 많이 사용이 되는 공용어이다. 영어를 자유롭게 구사하는 순간 우리 아이의 무대는 단지 대한민국이 아닌 세계로 바뀐다.

"세상은 넓고 기회는 많다."

예로부터 사람들은 기회를 찾아 스스로를 발전시키며 살아왔다. 이것이 사람들의 본능이고 자연적인 속성이다. 신대륙을 찾은 콜럼버스도 골드러쉬에 많은 부를 축적한 개척자들도 자신들의 삶을 더 발전시키기 위해 한 걸음 더 나아갔다. 이렇게 목숨 걸고 바다를 건너고 대륙을 횡단한 개척자들의 용기를 우리는 본받아야 할 것이다.

우리 아이가 대한민국에서 영어를 유창하게 잘하도록 교육을 시키는 것은 사실은 쉽지 않다. 강제적으로 영어 노출 환경을 만들어줘야 하고, 아이의 성향을 잘 파악해서 접근을 해야 하고 무엇보다 아이가 영어라는 언어에 거부감이 없어야 한다. 하지만 그럼에도 불구하고 영어는 꼭 해야 한다. 이것이 우리 아이에게 많은 기회를 가져다줄 것이기 때문이다.

예전에는 영어 공부라 하면 간단한 회화 또는 수능, 토익 시험 영어가

다였다. 하지만 요즘 대치동 엄마들은 단순 시험 영어가 아닌 우리 아이에게 정말 도움이 되는 진짜 살아 있는 영어를 가르쳐주고 싶어 한다.

그러다 보니 대체적으로 아이들이 제 2언어를 조금 더 거부감 없이 받아들이는 어린 나이에 시작을 하게 되고, 영어가 학원만 간다고 뚝딱 느는 것이 아니기에 집에서 엄마가 함께 도와줘야 할 부분이 어떤 것인가 하여 엄마표 영어 정보를 교류하기도 한다.

개인적으로 배구 여제 김연경 선수의 영어를 나는 좋아한다. 발음은 투박하지만 당당하고 확실한 의사 전달력으로 김연경 선수는 거침없이 영어를 한다. 조금 못 알아 듣고 서툴러도 기죽는 법은 전혀 없다.

이러한 태도가 제 2언어를 잘 할 수 있는 핵심이다.

김연아, 박세리, 김연경, BTS, 싸이, 윤여정, 봉준호…. 우리 아이도 이들처럼 세계무대를 바탕으로 자신이 좋아하는 일을 하고 성취하며 살게 될 것이다. 그럴 때에 영어가 걸림돌이 되어서야 되겠는가! 기술의 발전은 앞으로 우리 세상을 더욱더 하나로 연결해줄 것이다. 우리 아이들의 무대는 이제 세계이다. 자신이 좋아하는 일을 조금 더 많고 다양한 사람들과 열정적으로 하기 위해서 이제 영어는 반드시 필수이다. 우리 아이가 앞으로 어떤 사람들과 어울리며 일을 하며 꿈을 펼칠지는 아무도 모른다.

세상은 넓고 기회는 많다.

05

국제학교/유학을 준비하는
학생들에게

우리 아이들 교육은 부모의 선택의 연속이다.

"영어 유치원을 보낼 것인가, 일반 유치원을 보낼 것인가?"

"사립 초등학교를 보낼 것인가, 공립 초등학교를 보낼 것인가?"

"영어 학원은 어디를 보내면 좋을 것인가?"

이 많은 선택지들 중에서 요즘 대치동뿐 아니라 많은 엄마들의 관심을 받는 국제학교가 샛별로 떠오르고 있다. 국제학교는 영어 유치원의 연장선이라고 할 수 있다. 2012년에 인가를 받은 국제학교들이 송도와 제주도에 세워지고 난 후 약 10년 정도의 세월이 흐르고 있다. 기존에 있던 외국인 학교와는 달리 내국인도 입학을 할 수 있는 국제학교가 세워지면서 많은 학부모들의 관심도는 점점 커져가고 있다. 10년 동안 국제학교를 다니는 아이들이 열심히 공부하여 만들어낸 대학 입결도 나쁘지 않았다. 또한, 국내에서 교육을 시킬 수 있다는 점이 아이를 머나먼 나라로 보내야 하는 해외 유학을 보내는 것보다는 학부모들의 심리적인 부담을 덜어주었다.

1) 국제학교는 과연 어떤 곳인가?

우리나라에서 국제학교라고 불리는 곳은 크게 둘로 나뉜다. 교육청에서 정식으로 인가받은 곳과 그렇지 않으면서 제도권으로부터 조금은 자유로운 곳이다.

그렇다면 이 두 학교의 차이점은 무엇일까? 인가받은 학교들은 교육청으로부터 학력을 인정받을 수 있다. 하지만 인가받지 않은 학교들은 학력을 대한민국 교육청에서 증명해주는 검정고시에 합격해야 한다. 그러니 만약 우리 아이를 나중에 해외 대학에 보내려고 한다면 그 학교가 해외에서 인가받은 곳인지 확인하는 것이 중요하다. 보내려고 하는 대학이 우리나라에서 인가해준 곳이라면 더욱더 좋다.

예를 들어, 우리 아이를 미국 대학으로 유학을 보내려고 계획하고 있다고 하자. 그러면 대한민국 교육청에서 인가받지 않았어도 미국 교육기관의 인가를 받은 곳이라면 학력을 인정받는 데 문제가 없다. 하지만 인가받은 곳이라고 무조건 다 좋은 학교라는 생각은 금물이다. 우리 아이의 교육 계획과 상황에 적합한 곳을 고르는 것이 더욱 유익하다.

2) 국제학교에서는 어떤 것을 공부하는가?

국제학교에서는 모든 수업을 다 영어로 받는다. 학교마다 조금씩 차이는 있지만, 대부분의 초등 과정은 영어(language arts), 수학(math), 사회/역사(social studies), 과학(science)으로 이루어져 있다. 제 2언어로서의 언어 습득이 아니라 영어를 도구로 지식을 습득하는 수업이 이루어지는 것이다. 그러므로 여러 분야의 교과서를 통해 각 학년에 맞는 어휘를 습득하며 사고를 키워나가게 된다.

국제학교보다 대치동 학원에 다녀야 한다?

"초등학교 저학년은 국제학교 가성비가 안 나온다."

"초등학교 저학년 때는 국제학교보다는 대치동 Top 3 학원에 보내는 것이 영어 아웃풋에 더 좋다."

아이 교육이 투자도 아닐뿐더러 교육비 가성비를 따지는 것을 이해하지 못하는 사람들도 있다. 하지만 국제학교에 보내려면 적지 않은 비용을 들여야 하는 만큼 엄마들은 투자 효과를 자연스레 생각하게 된다. 과연 그만큼의 돈을 들여서 아이를 국제학교에 보낼 만한 '가치'가 있는지 궁금해한다.

영어 유치원에서 습득한 영어를 조금 더 유지하고자 초등학교 저학년 때부터 국제학교에 보내고 싶어 하는 엄마들이 있다. 이들은 자녀를 영어에 좀 더 자연스럽게 노출시켜주고 싶어 하는 마음이 크다. 반대로 초등학교를 공립에 보내며 대치동식으로 저학년 때 영어를 다져주고 싶어 하는 엄마들이 있다.

국제학교 학생들은 4시 정도에 하교한다. 그래서 학교와 학원을 병행하는 것은 아이들의 체력상 감당하기 힘들 수 있다. 영어 유치원의 연장선으로 저학년 때까지 국제학교를 선택하는 엄마들도 있다. 저학년부터 소화해야 하는 타이트한 스케줄보다는 자유로운 분위기에서 영어 교육을 받게 해주려는 것이다. 그렇게 해외에 나가지 않고도 조금 더 집중적으로 영어 교육에 힘을 쏟고 싶어 한다.

동네의 공립학교를 선택하면 하교가 빠르다는 장점이 있다. 오후 시간을 온전히 자유롭게 쓸 수 있게 된다. 학교나 다른 스케줄에 얽매이지 않고 아이의 상황에 맞춰서 자유롭게 스케줄을 짤 수 있다는 장점이 있다.

3) 국제학교가 유리한가? 유학이 유리한가?

혼자 유학을 보내기에 초등학생은 너무 어리다. 최소한 중학생, 혹은 고등학생 정도 되었을 때 아이와의 깊은 대화를 통해서 결정하는 게 좋다. 사실 국제학교에서 공립학교로, 또는 공립학교에서 국제학교로 옮겨가는 케이스는 너무 많다. 공립 초등학교를 졸업하고 공립 중학교를 다니다가도 국제학교로 전학 가고, 반대로 초등학교 과정을 국제학교에서 밟았지만 중학교는 공립 중학교로 옮겨오는 경우도 많다.

초등학교 5학년 정도 되면 아이들의 성향과 공부에 대한 태도가 조금 더 뚜렷이 나타난다. 우리 아이가 단순 암기보다는 책을 읽고 토론하고 탐구하며 글을 즐겨 쓰는 성향이 강하다면 국제학교가 조금 더 옳은 선택일 수 있다. 기본적으로 국제학교는 글쓰기를 바탕으로 교육하기 때문이다.

반대로 우리 아이가 책 읽는 것을 즐겨하지 않고 영어에 대한 거부감이 있으면 공립학교를 선택하는 것이 아이에게 조금 더 편할 것이다. 어떤 선택이든 정답은 없다. 아이의 성향과 관심사에 맞춰 아이가 다닐 학교를 선택하는 것이 가장 바람직하다.

4) 그렇다면 유학은 어떨까?

가장 기본적으로 유학은 아이가 원해야 한다. 국제학교처럼 국내에서 이동하는 것이 아니라 다른 나라로 아이를 보내야 하기 때문이다. 조금 더 모험적일 수 있는 것이다. 특히 청소년기에 홀로 집을 떠나야 하는 유학이라는 선택 앞에서 많은 엄마가 적잖은 걱정을 할 수 있다. 하지만 현지에서 직접 배우는 언어와 문화의 다양성은 아이에게 분명 큰 자산이 된다. 아이가 원하고 동기 부여가 확실하다면 한 번쯤은 긍정적으로 생각해볼 수 있는 선택지다.

5) 국제학교나 유학을 보낼 생각이 있다면….

국제학교나 유학을 보낼 생각이 있다면 엄마는 우리 아이 교육에 좀 더 소신이 있어야 한다. 우리 아이를 한 번에 마법처럼 파라다이스로 안내하는 교육은 이 세상 어디에도 없다. 교육은 끊임없는 인내와 견딤의 과정이다. 많은 엄마가 교육을 직접 받는 것보다 시키는 것이 어렵다는 데 공감할 것이다. 차라리 자신이 직접 해줄 수 있는 것이었으면 좋겠다고 생각하기도 했을 것이다.

그렇다. 교육은 내가 아니라 우리 아이가 직접 걸어가야 하는 과정이다. 엄마는 그저 그 과정에 동행하는 것일 뿐이다. 걸어가야 할 방향과 목표가 확실하면 절대 흔들리지 않는다. 그러니 아이의 소리에 조금 더 귀 기울여보자. 모든 답은 우리 아이 안에 있다.

우리 아이의 밝은 미래와 고민이 많은 엄마들을 진심으로 응원하며 이 책을 마친다.